"建设强国之道"系列丛书

新时代
建设科技强国之道

董晓辉　周长峰　章林飞　李　阳◎著

中共中央党校出版社

图书在版编目（CIP）数据

新时代建设科技强国之道 / 董晓辉等著 . -- 北京：中共中央党校出版社 , 2025. 3. -- ISBN 978-7-5035-7632-4

Ⅰ . N12

中国国家版本馆 CIP 数据核字第 20255R5Y94 号

新时代建设科技强国之道

策划统筹	任丽娜
责任编辑	马琳婷　桑月月
责任印制	陈梦楠
责任校对	王明明
出版发行	中共中央党校出版社
地　　址	北京市海淀区长春桥路 6 号
电　　话	（010）68922815（总编室）　（010）68922233（发行部）
传　　真	（010）68922814
经　　销	全国新华书店
印　　刷	中煤（北京）印务有限公司
开　　本	710 毫米 ×1000 毫米　1/16
字　　数	226 千字
印　　张	17.25
版　　次	2025 年 3 月第 1 版　　2025 年 3 月第 1 次印刷
定　　价	56.00 元

微 信 ID：中共中央党校出版社　　邮　箱：zydxcbs2018@163.com

版权所有 · 侵权必究

如有印装质量问题，请与本社发行部联系调换

前　言

习近平总书记强调，科技兴则民族兴，科技强则国家强。把我国建设成为科技强国，是近代以来中华民族孜孜以求的梦想，一代又一代中华儿女为之殚精竭虑、不懈奋斗。当前，我们比历史上任何时期都更接近中华民族伟大复兴的目标，我们比历史上任何时期都更需要加快建设科技强国。

自力更生是中华民族自立于世界民族之林的奋斗基点，加快建设科技强国，必须走中国特色自主创新道路。这是一条必由之路，必须坚定不移地走下去。

习近平总书记指出，中国共产党领导是中国特色科技创新事业不断前进的根本政治保证。从新中国成立后吹响"向科学进军"的号角，到改革开放提出"科学技术是第一生产力"的论断；从进入新世纪深入实施知识创新工程、科教兴国战略、人才强国战略，不断完善国家创新体系、建设创新型国家，党中央在我国科技事业发展的每一个关键节点都作出了正确战略部署，牢牢把握了我国科技创新发展的正确方向。党的十八大以来，以习近平同志为核心的党中央观大势、谋全局、抓根本，坚持把科技创新摆在国家发展全局的核心位置，全面谋划科技创新工作，我国科技事业实现历史性、整体性、格局性重大变化，科技实力跃上新的大台阶，成功进入创新型国家行列。习近平总书记指出，必须坚持科技是第一生产力、人才是第一资源、创新是第一动力，深入实施科教兴国战略、人才强国战略、创新驱动发展战略，开辟发展新领域新赛道，不断塑造发展新动能新优势。这是第一次把三大战略摆放在一起，既坚持了教育、科技、人才是全面建设社会主义现代化国家的基础性、战略性支撑，又强调了三者之间的有机联系，通过协同配合、系统集成，大幅提升科技攻关体系化能力。党对科技事业全面领导是我国科技创新的最大政治优势，新征程上，我们必须毫不动摇、长期坚持党对科技事业的全面领导，把党的全面领导贯穿科技创新各环节各方面。

中国特色自主创新道路最大的制度优势是我国社会主义制度能够集中力量办大事，这是我们成就事业的重要法宝。今后，我们要靠这一法宝，结合社会主义市场经济新条件，健全科技攻关新型举国体制，形成推动创新的强大合力。健全科技攻关新型举国体制，要充分发挥国家作为重大科技创新组织者的作用，支持周期长、风险大、难度高、前景好的战略性科学计划和科学工程，在若干重要领域形成竞争优势、赢得战略主动。要突破体制机制障碍，构建符合市场经济规律的关键核心技术协同攻关机制，让市场之手和政府之手相互配合、优势互补，充分调动各类创新主体的积极性、主动性、创造性，形成集中力量攻克关键核心技术难关的强大创新合力。要深化科技体制改革，破除一切制约科技创新的思想障碍和制度藩篱，推动科技与经济社会发展深度融合，打通从科技强到产业强、经济强、国家强的通道，推动创新链条各环节紧密衔接，形成协同高效的国家创新体系。

坚持走中国特色自主创新道路，既要坚持自立自强，坚定创新自信，又要以全球视野搞好顶层设计，在开放合作中推动科技创新。目前，科技创新成为国际战略博弈的主要战场，围绕科技制高点的竞争空前激烈。进入科技发展第一方阵要靠创新，一味跟跑是行不通的，必须加快科技自立自强步伐。当然，自主创新是开放环境下的创新，不是闭门造车，不是单打独斗，不是排斥学习先进，不是把自己封闭于世界之外，而是要聚四海之气、借八方之力，用好国际国内两种科技资源。习近平总书记在党的二十大报告中明确指出，扩大国际科技交流合作，加强国际化科研环境建设，形成具有全球竞争力的开放创新生态。在经济全球化深刻调整的大背景下，创新资源在世界范围内加快流动，各国经济科技联系更加紧密，任何一个国家都不可能孤立依靠自己的力量解决所有创新难题。建设科技强国，必须坚持以全球视野谋划和推动科技创新，实施更加开放包容、互惠共享的国际科技合作战略，以更加开放的思维和举措推进国际科技交流合作，以开放创新促进我国科技在更高起点上的自主创新，加快实现高水平科技自立自强。

党的十八大以来，党中央深入推动实施创新驱动发展战略，提出加快建设创新型国家的战略任务，确立2035年建成科技强国的奋斗目标，不断深化科技体制改革，充分激发科技人员积极性、主动性、创造性，有力推进科技自立自强，我国科技事业取得历史性成就、发生历史性变革。虽然我国科技事业发展取得了长足进步，但原始创新能力还相对薄弱，一些关键核心技术受制于人，顶尖科技人才不足，必须进一步增强紧迫感，进一步加大科技创新力度，抢占科技竞争和未来发展制高点。

关键核心技术是国之重器。历史和实践反复告诉我们，关键核心技术是要不来、买不来、讨不来的。近年来，西方一些国家将科技领域视为地缘博弈的舞台，试图以独占技术优势强化自身经济和科技霸权，妄图遏制我国高科技发展。对此，习近平总书记指出，要集聚力量进行原创性引领性科技攻关，坚决打赢关键核心技术攻坚战。要面向世界科技前沿，瞄准未来科技和产业发展的制高点，前瞻部署人工智能、量子信息、集成电路等重点领域，着力在引领世界科技发展新方向实现重大突破。要面向经济主战场，攻克工业母机、基础软硬件、基础元器件等领域技术难题，彻底改变关键核心技术受制于人的局面。要面向国家重大需求，加快实施一批具有战略性全局性前瞻性的国家重大科技项目，突破一批石油天然气、基础原材料、高端芯片等领域关键技术，不断提升我国发展独立性自主性安全性。要面向人民生命健康，坚持以人民为中心的科技工作思想，在药品、医疗器械、医用设备、疫苗等方面持续发力，让科技创新为人民生命健康保驾护航。

基础研究和原始创新能力是科学之本、技术之源，是建设科技强国"大厦"最重要的"地基"。基础研究薄弱，原始创新能力不足，很难产生引领性、变革性、颠覆性的关键核心技术，建设科技强国就只能是无源之水、无本之木。放眼全球，世界科技强国无一不是基础研究和原始创新强国，我国要建成科技强国，必须大力加强基础研究，大幅提升原始创新能力。要加强基础研究，突出原创，鼓励自由探索，推进对宇宙演化、意识本质、物质结构、生命起源等的探索和发现，拓展认识自然的边界，开辟新的认知疆域。要坚持应用牵引、突破瓶颈，从经济社会发展和国家安全面临的实际问题中凝练科学问题，从根子、源头和底层把制约关键核心技术突破的东西搞清楚。要加大提高基础研究的投入比重、优化支出结构，健全多元化支持机制，形成持续稳定的投入机制，提升科技投入效能，深化财政科技经费分配使用机制改革，激发创新活力。要创设基础科学和原始创新的良好机制与氛围，保持战略定力，为各类人才提供宽松的科研环境和学术自由，形成自由开放的科学研究和技术创新制度环境。

习近平总书记强调，为民造福是立党为公、执政为民的本质要求。科技创新是财富创造的源泉，是实现共同富裕的首要保证，也是满足人民对美好生活向往的根本驱动力。要始终坚持以人民为中心的发展思想，把满足人民对美好生活的向往作为科技创新的落脚点，把惠民、利民、富民、改善民生作为科技创新的重要方向，以更多科技产品和服务不断满足人民美好生活的需要。要坚持科技是第一生产力，把科技创新作为促进共同富裕的关键支撑，依靠科技创新为高质量发展提供不竭动力，推动经济实现质的有效提升和量的合理增长，着力提高发展的平衡性、协调性、包容性、可持续性，在高质量发展中促进共同富裕。要坚决维护科技安全，切实增强我国原始创新能力和自主创新能力，依托科技自立自强筑牢国家安全和社会稳定的铜墙铁壁，夯实共同富裕的物质技术基础根基，以新安全格局保障新发展格局，努力实现高质量发展和高水平安全的良性互动，让人民群众的获得感、幸福感、安全感更加充实、更有保障、更可持续。

建设科技强国需要坚持守正创新，就是要敢于说前人没有说过的新话，敢于干前人没有干过的事情，具有与时俱进的创新精神。

创新精神是中华民族最深沉的禀赋，也始终是中国科学家精神的鲜明标识。从李四光、钱学森、钱三强、邓稼先等一大批老一辈科学家，到陈景润、黄大年、南仁东等一大批新中国成立后成长起来的杰出科学家，他们面对科学难题，勇于创新、善于创新，创造了无数的中国科技创新奇迹，用自己的行动诠释着与时俱进的创新精神。建设科技强国，没有捷径可走，必须进一步解放思想，突破亦步亦趋跟进式的创新，改变长期跟踪、追赶的科研惯性，聚焦前瞻性基础研究、引领性原创成果，加快实现更多"从0到1"的突破。当代科技工作者必须大力弘扬勇攀高峰、敢为人先的创新精神，以必胜信念、更加昂扬的精神状态团结奋斗，创造新伟业。

在建设科技强国的前进道路上，唯有树立革故鼎新的勇气，始终保持革命者的大无畏奋斗精神，才能朝着目标不断迈进。习近平总书记指出，创新从来都是九死一生，但我们必须有"亦余心之所善兮，虽九死其犹未悔"的豪情。新中国成立以来，一代又一代科学家胸怀凌云志，敢为天下先，逆势而上，不畏艰难，在祖国大地上树立起一座座科技创新的丰碑，也铸就了勇于创新的独特精神气质。当前，我们面临的形势任务前所未有，面临的困难问题前所未有，许多基础研究和原始创新的"雪山""草地"需要跨越，许多关键核心技术攻关的"娄山关""腊子口"需要征服。我们比任何时候都更加深刻地感受到"船到中流、人到半山"的艰险，也比任何时候都更加需要英勇无畏精神的支撑。广大科技工作者必须硬起铁肩膀、扛起千钧担，直面问题、迎难而上，勇闯科技创新"无人区"，突破制约发展的关键核心技术，加快推进科技强国事业。

建成科技强国，没有锲而不舍、久久为功的精神，没有"板凳甘坐十年冷"的定力，根本不可能取得最终胜利。习近平总书记强调，一定要定下心来，一心一意走自己的路，而且要建立这样的一种自信，就是我们一定会把自己的事业办好，屹立于世界民族之林。当前，在全面建设社会主义现代化国家开局起步的关键时期，让我们更加紧密团结在以习近平同志为核心的党中央周围，全速发动科技创新引擎，以"功成不必在我"的心胸、时不我待的忧患意识和舍我其谁的担当精神努力工作、昂首阔步、劈波斩浪，向着科技强国进军！

目　录

第一章　内涵意义：我们比历史上任何时期都需要建设世界科技强国

一、加快建设科技强国的理论基础　　/ 002

二、加快建设科技强国的科学内涵　　/ 021

三、加快建设科技强国的重要意义　　/ 034

第二章　探索历程：我们党在各个历史时期都高度重视科技事业

一、开启科技强国建设的初步探索　　/ 046

二、在改革开放中走出科技强国之路　　/ 054

三、以高水平科技自立自强加快建设科技强国　　/ 061

第三章　辉煌成就：我国科技事业实现了历史性、整体性、格局性重大变化

一、基础研究领域取得重要进展　　/ 072

二、战略高技术取得新跨越　　/ 080

三、现代化产业体系建设取得新突破　　/ 087

四、民生科技领域取得显著成效　　/ 095

五、国防科技创新取得重大成就　　/ 100

六、科技创新合作呈现新局面　　/ 105

第四章　紧迫任务：坚决打赢关键核心技术攻坚战

一、打赢关键核心技术攻坚战的目标体系　　/ 112

二、打赢关键核心技术攻坚战的主攻方向　　/ 120

三、打赢关键核心技术攻坚战的思路举措　　/ 129

第五章　骨干引领：持续强化国家战略科技力量

一、形成使命驱动、任务导向的国家实验室体系　　/ 140

二、强化国家科研机构的原始创新策源地作用　　/ 150

三、突出高校基础研究深厚和学科交叉融合优势　　/ 156

四、支持企业组建产学研深度融合的创新联合体　　/ 160

第六章　强大动力：全面推进科技体制改革

一、完善科技计划形成和组织实施机制　　/ 168

二、持续深化基础研究体制机制改革　　/ 176

三、着力深化科研评价制度改革　　/ 182

四、打造科技、产业、金融一体化政策体系　　/ 190

五、完善科技创新国际合作与交流机制　　/ 197

第七章 重要支撑：积极建设世界重要人才中心和创新高地

一、进行高水平人才高地建设布局 / 204

二、系统培育国家战略人才力量 / 210

三、全面提高人才自主培养质量 / 218

四、大力弘扬科学家精神 / 227

第八章 坚实基石：全面实施科技强军战略

一、全面实施科技强军战略的重大意义 / 238

二、全面实施科技强军战略的主要内容 / 246

三、全面实施科技强军战略的推进举措 / 253

后　记 / 260

第一章

内涵意义：我们比历史上任何时期都需要建设世界科技强国

科技立则民族立，科技强则国家强。马克思主义高度重视科技的历史作用，认为科学技术以一种不可逆转、不可抗拒的力量推动着人类社会向前发展。中国要强，中国人民生活要好，必须有强大科技。如何加快建设科技强国是新时代我们党和国家面临的重大理论问题和现实问题。习近平总书记多次强调："我们比历史上任何时期都更接近中华民族伟大复兴的目标，我们比历史上任何时期都更需要建设世界科技强国！"[①] 探寻加快建设科技强国的实践路径，需要从马克思主义经典著作和习近平总书记关于加快建设科技强国的一系列重要论述中把握其理论基础，剖析其科学内涵，阐释其重要意义。

一、加快建设科技强国的理论基础

新时代中国共产党加快建设科技强国具有厚实的理论基础。马克思主义经典作家和党的历代领导集体围绕科技创新提出了一系列重要观点和论述，尤其是党的十八大以来，习近平总书记聚焦加快建设科技强国，提出了一系列新思想新观点新论断新要求，为在新时代加快建设科技强国，进而建成社会主义现代化强国提供了实践方案和行动指南。

（一）马克思主义经典作家关于科学技术的思想

19世纪中叶以来，科学技术飞速发展，马克思、恩格斯、列宁把握科学技术的发展趋势，形成了马克思主义经典作家关于科学技术的思想。马克思主义经典作家指出，科学技术与社会、人、资本、生产

---

① 习近平：《论科技自立自强》，中央文献出版社2023年版，第199页。

是相互联系、内在统一的。科学技术是最高意义上的革命,是推动社会经济发展的巨大力量。科学技术发展催生产业革命,进而引发社会经济全方位变革。

1. 马克思的科学技术思想

马克思认为科学技术与社会经济发展是相互促进、协调发展的,科学技术推动社会经济发展,社会经济发展是科学技术的源泉。他认为"科学技术是生产力",劳动生产力的提高与科学技术的发展水平及其在工艺上的应用程度是密切相关的。他认为生产过程是科学技术的应用过程,而科学技术又成了生产过程的要素,科学技术的发现和发明应用到生产实践中,使得生产力迅速发展,从而引起生产关系和其他社会关系以及人们生活方式的改变。

科学技术是生产力。科学通过渗透到劳动者、劳动工具、劳动对象、社会生产的组织和管理等发生作用,变成直接生产力,推动社会经济发展。马克思根据固定资本的发展指出:"社会生产力已经在多么大的程度上,不仅以知识的形式,而且作为社会实践的直接器官,作为实际生活过程的直接器官被生产出来。"[1] 科学表现为"社会劳动的自然力"[2]。"固定资本的发展表明,一般社会知识,已经在多么大的程度上变成了直接的生产力,从而社会生活过程的条件本身在多么大的程度上受到一般智力的控制并按照这种智力得到改造。"[3] "随着资本主义生产的扩展,科学因素第一次被有意识地和逐级提升地加以发展、应用并确立起来,其规模是以往的时代根本想象不到的。"[4]

马克思认为,科学力量只有通过机械的运用才能被占有。科学物化和生产工艺革新是通过技术实现的,而"用机器来生产机器"技术

---

[1] 《马克思恩格斯选集》第2卷,人民出版社2012年版,第785页。
[2] 《马克思恩格斯全集》第43卷,人民出版社2016年版,第402页。
[3] 《马克思恩格斯选集》第2卷,人民出版社2012年版,第785页。
[4] 《马克思恩格斯全集》第37卷,人民出版社2019年版,第205页。

基础的建立，会引起生产方式变革，这必然引起生产关系改革，进而引起社会关系变革。马克思指出，机器是科学的物化，"它本身就是能工巧匠，它通过在自身中发生作用的力学规律而具有自己的灵魂，它为了自身不断运转而消费煤炭、机油等等（辅助材料），就像工人消费食物一样"[1]。"机器在17世纪的间或应用是非常重要的，因为它为当时的大数学家创立现代力学提供了实际的支点和刺激。"[2]"在机器生产中……每个局部过程如何完成和各个局部过程如何结合的问题，由力学、化学等等在技术上的应用来解决"，"大工业必须掌握它特有的生产资料，即机器本身，以便用机器来生产机器。这样，大工业才建立起与自己相适应的工艺基础，才得以自立"。"大工业把巨大的自然力和自然科学并入生产过程，必然大大提高劳动生产率，这一点是一目了然的。"[3]

科学技术与物质生产是联系统一、相互促进的。马克思认为，"生产过程成了科学的应用"[4]。物质生产是科学技术的应用场所，科学技术在物质生产中发挥作用表现为劳动生产力。科学技术发展有力推动劳动生产力发展和社会经济发展，同时，物质生产发展又为科学技术发展提供物资基础。马克思指出："劳动生产力是随着科学和工艺的不断进步而不断发展的。"[5]"而科学发展的水平，尤其是自然科学以及随着自然科学一起发展起来的一切其他科学，又决定于物质生产的发展水平。"[6]"劳动生产力是由多种情况决定的，其中包括：工人的平均熟练程度，科学的发展水平和它在工艺上应用的程度，生产过程的社会结

---

[1] 《马克思恩格斯选集》第2卷，人民出版社2012年版，第774页。
[2] 《马克思恩格斯全集》第42卷，人民出版社2016年版，第357页。
[3] 《马克思恩格斯全集》第42卷，人民出版社2016年版，第390、395、397页。
[4] 《马克思恩格斯全集》第37卷，人民出版社2019年版，第202页。
[5] 《马克思恩格斯全集》第42卷，人民出版社2016年版，第621页。
[6] 《马克思恩格斯列宁斯大林论科学技术》，人民出版社1979年版，第22页。

合，生产资料的规模和效能，以及自然条件。"①"资本主义生产第一次在相当大的程度上为自然科学的发展提供了进行研究、观察、实验的物质手段。"②1847年，马克思对经过产业革命后导致的劳动生产率进行了比较，1770年手工劳动的为4∶1，1840年科学技术的为108∶1。

2. 恩格斯的科学技术思想

恩格斯认为科学技术是在生产过程中逐渐形成的，科学技术在生产实践中的应用，使大工业的技术基础发生变革，导致了产业革命，引起生产力迅速发展，对整个生产关系和社会经济结构产生根本变革，进而对社会经济发展产生重大影响。

科学的产生和发展一开始就是由生产决定的。恩格斯认为科学技术是人们在社会生产中为满足需要的手段，生产需要是科学技术发展的内在动力。恩格斯指出："必须研究自然科学各个部门的循序发展。首先是天文学——游牧民族和农业民族为了定季节，就已经绝对需要它。天文学只有借助于数学才能发展。因此数学也开始发展。——后来，在农业的某一阶段上和在某些地区（埃及的提水灌溉），特别是随着城市和大型建筑物的出现以及手工业的发展，有了力学。不久，力学又成为航海和战争的需要。——力学也需要数学的帮助，因而它又推动了数学的发展。可见，科学的产生和发展一开始就是由生产决定的。"③科学"以神奇的速度发展起来……我们要再次把这个奇迹归功于生产。第一，从十字军征讨以来，工业有了巨大的发展，并随之出现许多新的事实，有力学上的……化学上的……物理学上的（眼镜）……第三，地理上的发现——纯粹是为了营利，因而归根到底是为了生产而完成的……第四，印刷机出现了"④。"社会一旦有技术上的

---

① 《马克思恩格斯全集》第42卷，人民出版社2016年版，第26页。
② 《马克思恩格斯全集》第37卷，人民出版社2019年版，第205页。
③ 《马克思恩格斯选集》第3卷，人民出版社2012年版，第865页。
④ 《马克思恩格斯选集》第3卷，人民出版社2012年版，第865页。

需要,这种需要就会比十所大学更能把科学推向前进。整个流体静力学(托里拆利等)是由于16世纪和17世纪意大利治理山区河流的需要而产生的。关于电,只是在发现它在技术上的实用价值以后,我们才知道了一些理性的东西。"[1] "经济上的需要曾经是,而且越来越是对自然界的认识不断进展的主要动力。"[2]

科学是一种在历史上起推动作用的革命的力量。恩格斯认为科学技术把人们的思想从宗教神学中解放出来,开阔了人们的眼界。同时,科学技术发展推动了产业革命,促使社会经济结构变革,生产关系发生变化。恩格斯指出:"自然科学借以宣布其独立并且好像是重演路德焚烧教谕的革命行动,便是哥白尼那本不朽著作的出版,他用这本书……来向自然事物方面的教会权威挑战。"[3] "在马克思看来,科学是一种在历史上起推动作用的、革命的力量。"[4] "无产阶级是由于工业革命而产生的,这一革命在上个世纪下半叶发生于英国,后来,相继发生于世界各文明国家。工业革命是由蒸汽机、各种纺纱机、机械织布机和一系列其他机械装备的发明而引起的。"[5] "工业中机器和蒸汽的采用,在奥地利,也像在所有别的地方一样,使社会各阶级的一切旧有关系和生活条件发生了变革;它把农奴变成了自由民,把小农变成了工业工人。"[6] "蒸汽和新的工具机把工场手工业变成了现代的大工业,从而使资产阶级社会的整个基础发生了革命。工场手工业时代的迟缓的发展进程转变成了生产中的真正的狂飙时期。"[7]

---

[1] 《马克思恩格斯选集》第4卷,人民出版社2012年版,第648页。
[2] 《马克思恩格斯选集》第4卷,人民出版社2012年版,第611—612页。
[3] 《马克思恩格斯列宁斯大林论科学技术》,人民出版社1979年版,第74页。
[4] 《马克思恩格斯选集》第3卷,人民出版社2012年版,第1003页。
[5] 《马克思恩格斯选集》第1卷,人民出版社2012年版,第295—296页。
[6] 《马克思恩格斯选集》第1卷,人民出版社2012年版,第591—592页。
[7] 《马克思恩格斯选集》第3卷,人民出版社2012年版,第648页。

3. 列宁的科学技术思想

列宁运用和发展了马克思主义科技思想,他把科学技术看作重要的社会实践和革新力量,认为科学技术是巩固社会主义的基础、在社会主义建设中具有重要的地位和作用,指出机器大工业是社会主义的物质的、生产的源泉和基础,提出要实施统一的科学发展计划来恢复和发展经济。

技术进步必然引起生产的各部分专业化、社会化。列宁始终把科学技术看作是推动社会变革的重要力量。他指出:"科学和技术每前进一步,都必不可免地、毫不留情地破坏资本主义社会内的小生产的基础。"[①]并且"技术进步必然引起生产的各部分的专业化、社会化,因而使市场扩大"[②]。他认为科学技术能提高劳动生产率,对社会主义生产关系的变革作用是巨大的,是社会主义、共产主义得以实现的根本保证。他说:"要建设共产主义,就必须掌握技术,掌握科学。"[③]"劳动生产率,归根到底是使新社会制度取得胜利的最重要最主要的东西……资本主义可以被最终战胜,而且一定会被最终战胜,因为社会主义能创造新的高得多的劳动生产率。"[④]他还强调社会主义的物质基础是大机器工业。列宁指出:"只有这些物质条件,即大机器工业、为千百万人服务的大企业,才是社会主义的基础。"[⑤]

列宁认为要通过实施统一的科学发展计划来恢复和发展经济。他强调,我们将按照一个总的计划有效地恢复国民经济。十月革命胜利后,列宁在谋划社会主义国家建设时,高度重视先进技术发展,他说:"只有一种办法,那就是把我国经济,包括农业在内,转到新的技术基

---

① 《列宁全集》第17卷,人民出版社2017年版,第15页。
② 《列宁全集》第1卷,人民出版社2013年版,第80页。
③ 《列宁全集》第38卷,人民出版社2017年版,第290页。
④ 《列宁全集》第37卷,人民出版社2017年版,第20页。
⑤ 《列宁全集》第34卷,人民出版社2017年版,第240页。

础上，转到现代大生产的技术基础上。"①在思考如何以强有力的技术基础来保障社会主义建设这一问题时，列宁明确提出："共产主义就是苏维埃政权加全国电气化。"②他强调："只有当国家实现了电气化，为工业、农业和运输业打下了现代大工业的技术基础的时候，我们才能得到最后的胜利。"③要实施全俄电气化计划，就要制定国家统一计划，实现科技发展计划化。列宁深知科技人才对社会主义建设的重要性，制定和实施了优待知识分子的政策与措施，为促进社会主义科技事业进而提升国民经济发挥了巨大作用。他在对待旧知识分子时说："我们应该在一切建设领域内，自然是在我们没有旧的资产阶级专家的经验和科学素养、自己力不胜任的那些建设领域内，利用他们。"④

（二）毛泽东、邓小平、江泽民、胡锦涛关于科技创新的思想

中国共产党历来高度重视科技事业。毛泽东、邓小平、江泽民、胡锦涛等中国共产党人继承并发展了马克思主义关于科技在经济社会发展中的地位和作用的理论，在革命、建设、改革各个历史时期都十分重视科学技术的重要作用，经过不断探索和实践，逐步确立了适合我国国情的科技发展道路和科技思想体系，奠定了中国特色科技事业发展的坚实理论基础，为我国科技赶超世界先进水平和经济社会的全面进步作出了重要贡献。

1. 毛泽东关于科技创新的重要论述

毛泽东非常重视科学技术，在他的理论著作、文件批示、革命建设实践中都有许多关于科技创新的重要论述。新中国成立后，毛泽东发出了"向科学进军"的号召，于1956年领导制定了第一个国家科技

---

① 《列宁全集》第40卷，人民出版社2017年版，第159页。
② 《列宁全集》第40卷，人民出版社2017年版，第159页。
③ 《列宁全集》第40卷，人民出版社2017年版，第159页。
④ 《列宁全集》第36卷，人民出版社2017年版，第6页。

第一章
内涵意义：我们比历史上任何时期都需要建设世界科技强国

发展中长期规划，描绘了新中国科技发展的宏伟蓝图，在一穷二白的基础上初步建立了我国的科技体系。

毛泽东十分重视自然科学在认识和改造自然中的作用。1940年2月5日，毛泽东在延安陕甘宁边区自然科学研究会上指出："自然科学是很好的东西，它能解决衣、食、住、行等生活问题。""自然科学是人们争取自由的一种武装。……人们为着要在自然界里得到自由，就要用自然科学来了解自然，克服自然和改造自然，从自然里得到自由。""马克思主义包含有自然科学，大家要来研究自然科学，否则世界上就有许多不懂的东西，那就不算一个最好的革命者。"[①]

毛泽东认为"不搞科学技术，生产力无法提高"[②]。他特别强调科学技术在提高生产力方面的重大作用。他认为科学技术也是生产力，我们搞社会主义，就是要解放生产力。"努力发展自然科学，以服务于工业农业和国防的建设"被写入1949年9月的《中国人民政治协商会议共同纲领》。1956年1月14日，在全国知识分子会议上，毛泽东发出"向科学进军"的伟大号召，要求全党、全军和全国人民努力学习科学知识，为迅速赶上世界科学技术先进水平而努力奋斗。1958年1月31日，毛泽东在《工作方法六十条（草案）》中明确提出："从今年起，要……把党的工作的着重点放到技术革命上去。""以便在十五年或者更多一点的时间内赶上和超过英国。""提出技术革命，就是要大家学技术，学科学。""我们一定要鼓一把劲，一定要学习并且完成这个历史所赋予我们的伟大的技术革命。"[③]1963年12月16日，毛泽东强调指出："科学技术这一仗，一定要打，而且必须打好……不搞科学技术，生产力无法提高。"[④]

---

① 《毛泽东文集》第2卷，人民出版社1993年版，第269—270页。
② 《毛泽东文集》第8卷，人民出版社1999年版，第351页。
③ 《毛泽东文集》第7卷，人民出版社1999年版，第350—351页。
④ 《毛泽东文集》第8卷，人民出版社1999年版，第351页。

毛泽东认为要大力发展尖端技术和高新技术。他主张采取"自力更生"和"洋为中用"相结合的方式。1956年4月25日，毛泽东在《论十大关系》中指出："我们现在已经比过去强，以后还要比现在强，不但要有更多的飞机和大炮，而且还要有原子弹。在今天的世界上，我们要不受人家欺负，就不能没有这个东西。"[1]1958年6月21日，毛泽东还在中共中央军委扩大会议上预言："搞一点原子弹、氢弹、洲际导弹，我看有十年功夫是完全可能的。"[2]在三年困难时期，毛泽东仍指出"要大力协作"，做好我国国防尖端技术工作。1962年6月8日，毛泽东强调："在科学研究中，对尖端武器的研究试制工作，仍应抓紧进行，不能放松或下马。"[3]1964年12月13日，毛泽东强调指出："我们不能走世界各国技术发展的老路，跟在别人后面一步一步地爬行。我们必须打破常规，尽量采用先进技术，在一个不太长的历史时期内，把我国建设成为一个社会主义的现代化的强国。"[4]

2. 邓小平关于科技创新的重要论述

邓小平认为科学技术在当代生产力和社会经济发展中发挥着第一位的作用，提出"科学技术是第一生产力"的论断，这是我们党对马克思主义关于科学技术和社会生产力理论的重大发展。邓小平领导确定了科技改革开放和发展的重大战略部署，推动科技工作的战略重点转移到经济建设主战场，开创了科技事业繁荣发展的新局面。

科学技术是第一生产力。邓小平认为科学技术是经济社会发展的首要推动力。1978年，邓小平在全国科学大会开幕式上说："科学技术是生产力，这是马克思主义历来的观点。"[5]同时指出："四个现代化，关键

---

[1]《毛泽东文集》第7卷，人民出版社1999年版，第27页。
[2]《毛泽东军事文集》第6卷，军事科学出版社、中央文献出版社1993年版，第374页。
[3]《毛泽东军事文集》第6卷，军事科学出版社、中央文献出版社1993年版，第392页。
[4]《毛泽东文集》第8卷，人民出版社1999年版，第341页。
[5]《邓小平文选》第2卷，人民出版社1994年版，第87页。

第一章
内涵意义：我们比历史上任何时期都需要建设世界科技强国

是科学技术的现代化。没有现代科学技术，就不可能建设现代农业、现代工业、现代国防。没有科学技术的高速度发展，也就不可能有国民经济的高速度发展。""社会生产力有这样巨大的发展，劳动生产率有这样大幅度的提高，靠的是什么？最主要的是靠科学的力量、技术的力量。"①1988年9月5日，邓小平在会见捷克斯洛伐克总统胡萨克时进一步强调："马克思说过，科学技术是生产力，事实证明这话讲得很对。依我看，科学技术是第一生产力。"②1992年，邓小平在视察南方时再次强调：科学技术是第一生产力。

科学技术主要是为经济建设服务的。③邓小平十分重视科学技术与经济的结合，认为两者是"相互依存的关系，不能顾此失彼"④。邓小平认为企业是科学技术转化为现实生产力的结合处。早在1975年，邓小平就说："加强企业的科学研究工作。这是多快好省地发展工业的一个重要途径。"⑤1978年3月18日，邓小平在全国科学大会上指出："现代科学技术的发展，使科学与生产的关系越来越密切了。科学技术作为生产力，越来越显示出巨大的作用。""现代科学为生产技术的进步开辟道路，决定它的发展方向。许多新的生产工具，新的工艺，首先在科学实验室里被创造出来。"⑥1992年，邓小平在视察南方时进一步强调："经济发展得快一点，必须依靠科技和教育。""近一二十年来，世界科学技术发展得多快啊！高科技领域的一个突破，带动一批产业的发展。我们自己这几年，离开科学技术能增长得这么快吗？"⑦

科技发展的核心是人才问题。邓小平认为知识分子是工人阶级的

---

① 《邓小平文选》第2卷，人民出版社1994年版，第86、87页。
② 《邓小平文选》第3卷，人民出版社1993年版，第274页。
③ 《邓小平文选》第2卷，人民出版社1994年版，第240页。
④ 《邓小平文选》第2卷，人民出版社1994年版，第250页。
⑤ 《邓小平文选》第2卷，人民出版社1994年版，第29页。
⑥ 《邓小平文选》第2卷，人民出版社1994年版，第87页。
⑦ 《邓小平文选》第3卷，人民出版社1993年版，第377页。

一部分。1978年3月18日，邓小平在全国科学大会上指出："正确认识科学技术是生产力，正确认识为社会主义服务的脑力劳动者是劳动人民的一部分，这对于迅速发展我国科学事业有极其密切的关系。""总的说来，他们的绝大多数已经是工人阶级和劳动人民自己的知识分子，因此也可以说，已经是工人阶级自己的一部分。"[①]邓小平强调："我们国家，国力的强弱，经济发展后劲的大小，越来越取决于劳动者的素质，取决于知识分子的数量和质量。"[②]"一定要在党内造成一种空气：尊重知识，尊重人才"，"随着科学技术的发展，随着四个现代化的进展……越来越要求有更多的人从事科学研究工作，造就更宏大的科学技术队伍"[③]。

3. 江泽民关于科技创新的重要论述

江泽民十分重视科学技术在建设国家和振兴中华民族中的作用，丰富和发展了"科学技术是第一生产力"的科学内涵，提出了实施科教兴国战略，把科学技术作为先进生产力的集中体现和主要标志，把创新作为民族进步的灵魂和国家兴旺发达的不竭动力，明确了依靠科技进步推进中国特色现代化建设的治国方略，推动我国科技事业进入全面繁荣时期。

实施科教兴国战略。1995年5月26日，江泽民在全国科学技术大会上号召大力实施科教兴国战略，确定了依靠科技进步推进中国特色现代化建设的治国方略。他指出："党中央、国务院决定在全国实施科教兴国战略，是总结历史经验和根据我国现实情况所作出的重大部署。没有强大的科技实力，就没有社会主义的现代化。科教兴国，是指全面落实科学技术是第一生产力的思想，坚持教育为本，把科技和教育摆在经济、社会发展的重要位置，增强国家的科技实力及向现实

[①] 《邓小平文选》第2卷，人民出版社1994年版，第89页。
[②] 《邓小平文选》第3卷，人民出版社1993年版，第120页。
[③] 《邓小平文选》第2卷，人民出版社1994年版，第41、89页。

第一章
内涵意义：我们比历史上任何时期都需要建设世界科技强国

生产力转化的能力，提高全民族的科技文化素质，把经济建设转移到依靠科技进步和提高劳动者素质的轨道上来，加速实现国家的繁荣强盛。"[①]1999年8月，江泽民在全国技术创新大会上强调：必须把以科技创新为先导促进生产力发展的质的飞跃，摆在经济建设的首要地位；在一些战略性、基础性的重大科技项目上，必须依靠自己，必须拥有自主创新能力和自主知识产权。他将"加强技术创新，发展高科技，实现产业化"确立为我国科技跨世纪的战略目标，进一步提出推动科教兴国战略的实施。

创新是一个民族进步的灵魂，是国家兴旺发达的不竭动力。1992年10月，江泽民在党的十四大报告中就讲了创新问题。江泽民认为，科技创新是人类经济社会发展的重要动力源泉。同时，我们也必须清醒地认识到，世界上有些最先进的技术是买不来的。中国要发展，从根本上讲，还得依靠自己。要不断提高我们自己的研究开发能力，提高创新能力，使我国跻身国际科技发展的先进行列。1995年5月26日，江泽民在全国科学技术大会上强调："创新是一个民族进步的灵魂，是国家兴旺发达的不竭动力。如果自主创新能力上不去，一味靠技术引进，就永远难以摆脱技术落后的局面。一个没有创新能力的民族，难以屹立于世界先进民族之林。作为一个独立自主的社会主义大国，我们必须在科技方面掌握自己的命运。我国已经具有一定的科技实力和基础，具备相当的自主创新的能力。我们必须在学习、引进国外先进技术的同时，坚持不懈地着力提高国家的自主研究开发能力。"[②]1999年8月23日，江泽民在全国技术创新大会上指出："我国是一个发展中的社会主义大国，在一些战略性、基础性的重大科技项目上，必须依靠自己，必须拥有自主创新的能力和自主知识产权。不能靠别人，靠别人是靠不住的。如果在这些方面我们不能尽快取得突破，一味依赖

---

① 江泽民：《论科学技术》，中央文献出版社2001年版，第51页。

② 江泽民：《论科学技术》，中央文献出版社2001年版，第55—56页。

别人，一旦发生什么情况，我们就很难维护国家的安全。""要在学习、消化和吸收国外先进技术的同时，加强自主创新，加强人才培育，加强创新基地建设，提高企业的创新能力，掌握科技发展的主动权，在更高的水平上实现技术发展的跨越。"①

科技工作要把促进经济发展作为中心任务和首要目标。江泽民认为："坚持科学技术工作面向经济建设、经济建设依靠科学技术的战略方针。"②1995年5月26日，江泽民在全国科学技术大会上指出："促进科技与经济的结合，符合党的基本路线，也符合当今世界科技、经济发展的趋势。""要正确处理面向经济建设与提高科技水平的关系。面向经济建设是方向，提高科技水平、攀登科技高峰是要求。""基础性研究和高技术研究，是推进我国二十一世纪现代化建设的动力源泉。要目光远大，筹划未来，针对下世纪影响我国经济和社会发展的重大问题，加强基础性研究和高技术研究开发。要把为未来经济发展提供科技动力和成果储备，作为基础性研究工作的主要任务。"③2002年5月28日，江泽民在中国科学院第十一次院士大会、中国工程院第六次院士大会上强调："要根据国家发展需求，大力推动科技进步……要从我国的国情出发，紧紧围绕国家经济、文化、国防和社会发展具有战略性、基础性、前瞻性的重大课题，加强科技研究和创新，力争取得突破性的进展……在加强基础科学研究的同时，要面向国家现代化建设、面向市场经济发展、面向广大人民需求，确定科技攻关的方向和重点项目，加速科技进步和创新，加快技术成果向现实生产力的转化。"④

4. 胡锦涛关于科技创新的重要论述

新世纪新阶段，胡锦涛强调指出科学技术是第一生产力，要坚定

---

① 江泽民：《论科学技术》，中央文献出版社2001年版，第152页。
② 江泽民：《论科学技术》，中央文献出版社2001年版，第5页。
③ 江泽民：《论科学技术》，中央文献出版社2001年版，第52、54页。
④ 《十五大以来重要文献选编》（下），人民出版社2003年版，第2406—2407页。

第一章
内涵意义：我们比历史上任何时期都需要建设世界科技强国

不移地树立和落实科学发展观，坚定不移地实施科教兴国战略，坚定地把科技进步和创新作为经济社会发展的首要推动力量，多次强调增强自主创新能力的重要性和必要性，提出建设创新型国家的重大战略思想，明确到2020年进入创新型国家行列，部署实施《国家中长期科学和技术发展规划纲要（2006—2020年）》，开创了全面建设小康社会、加快推进社会主义现代化的新局面。

建设创新型国家。2006年1月9日，胡锦涛在新世纪第一次全国科学技术大会上号召全党全社会坚持走中国特色自主创新道路，为建设创新型国家而努力奋斗。他明确指出："本世纪头二十年，是我国经济社会发展的重要战略机遇期，也是我国科技事业发展的重要战略机遇期。""建设创新型国家，核心就是把增强自主创新能力作为发展科学技术的战略基点，走出中国特色自主创新道路，推动科学技术的跨越式发展；就是把增强自主创新能力作为调整产业结构、转变增长方式的中心环节，建设资源节约型、环境友好型社会，推动国民经济又快又好发展；就是把增强自主创新能力作为国家战略，贯穿到现代化建设各个方面，激发全民族创新精神，培养高水平创新人才，形成有利于自主创新的体制机制，大力推进理论创新、制度创新、科技创新，不断巩固和发展中国特色社会主义伟大事业。"[1]2007年10月，胡锦涛在党的十七大报告中进一步强调："提高自主创新能力，建设创新型国家。这是国家发展战略的核心，是提高综合国力的关键。要坚持走中国特色自主创新道路，把增强自主创新能力贯彻到现代化建设各个方面。"[2]

科技进步和创新的关键是人才。2006年1月9日，胡锦涛在全国科学技术大会上指出："科技创新，关键在人才。杰出科学家和科学技术人才群体，是国家科技事业发展的决定性因素。""培养大批具有创新

---

[1]《改革开放三十年重要文献选编》（下），中央文献出版社2008年版，第1550页。
[2]《十七大以来重要文献选编》（上），中央文献出版社2009年版，第17页。

精神的优秀人才,造就有利于人才辈出的良好环境,充分发挥科技人才的积极性、主动性、创造性,是建设创新型国家的战略举措。"[1]2006年6月5日,胡锦涛在中国科学院第十三次院士大会和中国工程院第八次院士大会上专门讲了建设宏大的创新型科技人才队伍问题,他指出:"建设创新型国家,关键在人才,尤其在创新型科技人才。""培养造就创新型科技人才,要全面贯彻尊重劳动、尊重知识、尊重人才、尊重创造的方针。"[2]他认为培养造就创新型科技人才是一个系统工程,要突出抓好完善培养体系、不拘一格选用人才、完善制度和政策保障、进行开放式培养、营造鼓励科技创新的社会氛围等五个重要环节。2008年6月23日,胡锦涛在中国科学院第十四次院士大会和中国工程院第九次院士大会上再次强调:"走中国特色自主创新道路,必须培养造就宏大的创新型人才队伍。""一定要把加速培养造就优秀科技人才特别是科技领军人才作为十分紧迫的战略任务抓紧抓好。"[3]

(三)习近平总书记高度重视加快建设科技强国

建设科技强国是实现新征程上党的中心任务的必然选择,是全面建成社会主义现代化强国的战略任务。党的十八大以来,习近平总书记对马克思主义科技思想进行继承、创新与发展,准确把握中国特色社会主义发展规律,从推进中国式现代化战略高度出发,立足当前国内外发展环境的新特点新情况,围绕为什么建设科技强国、怎样建设科技强国这一时代课题,作出一系列重要论述,全面阐明了科技创新在我国发展大局中的战略定位,系统回答了科技强国建设的战略目标、

---

[1] 《改革开放三十年重要文献选编》(下),中央文献出版社2008年版,第1553、1554页。
[2] 胡锦涛:《在中国科学院第十三次院士大会和中国工程院第八次院士大会上的讲话》,新华网,2006年6月5日。
[3] 胡锦涛:《在中国科学院第十四次院士大会和中国工程院第九次院士大会上的讲话》,新华网,2008年6月23日。

第一章
内涵意义：我们比历史上任何时期都需要建设世界科技强国

重点任务、重大举措和基本要求，深刻体现了中国共产党人对于科技创新规律的新认识，从在党的十八大上提出实施创新驱动发展战略，到在党的十九大上明确创新是引领发展的第一动力，到在全国科技创新大会上吹响建设世界科技强国的号角，再到在党的十九届五中全会上号召加快建设科技强国，形成从指导思想到战略部署再到重大行动的完整体系，全面彰显了党中央把握发展大势、立足当前、着眼长远对我国科技事业的战略擘画，为建设世界科技强国指明了前进方向、提供了根本遵循。

1. 坚持"四个面向"是建设世界科技强国的战略方向

习近平总书记着眼建设世界科技强国目标，从顶层设计出发，提出了科技创新应该选择的"四个面向"的战略方向。2016年5月30日，习近平总书记在全国科技创新大会、两院院士大会、中国科协第九次全国代表大会上，首次提出坚持"三个面向"，他明确指出："科技兴则民族兴，科技强则国家强。实现'两个一百年'奋斗目标，实现中华民族伟大复兴的中国梦，必须坚持走中国特色自主创新道路，面向世界科技前沿、面向经济主战场、面向国家重大需求，加快各领域科技创新，掌握全球科技竞争先机。这是我们提出建设世界科技强国的出发点。"[1] 基于世界百年未有之大变局、中国发展的新阶段、全球新冠疫情危机带来的新冲击，习近平总书记将"面向人民生命健康"作为引领国家科技事业发展的新要求，于2020年9月11日在科学家座谈会上提出，我国科技事业发展要坚持"四个面向"——面向世界科技前沿、面向经济主战场、面向国家重大需求、面向人民生命健康，不断向科学技术广度和深度进军。[2] "要以与时俱进的精神、革故鼎新的勇气、坚忍不拔的定力，面向世界科技前沿、面向经济主战场、面向

---

[1] 习近平：《为建设世界科技强国而奋斗——在全国科技创新大会、两院院士大会、中国科协第九次全国代表大会上的讲话》，新华网，2016年5月30日。

[2] 习近平：《在科学家座谈会上的讲话》，新华网，2020年9月11日。

国家重大需求、面向人民生命健康，把握大势、抢占先机，直面问题、迎难而上，肩负起时代赋予的重任，努力实现高水平科技自立自强！"[①]

2. 强化国家战略科技力量是建设世界科技强国的必然要求

建设一支引领力强、战斗力强、组织力强的国家战略科技力量，是加快建设世界科技强国的必然要求。2016年5月30日，习近平总书记在全国科技创新大会、两院院士大会、中国科协第九次全国代表大会上指出："成为世界科技强国，成为世界主要科学中心和创新高地，必须拥有一批世界一流科研机构、研究型大学、创新型企业，能够持续涌现一批重大原创性科学成果……要在重大创新领域组建一批国家实验室。这是一项对我国科技创新具有战略意义的举措。"[②] "中国科学院、中国工程院要继续发挥国家战略科技力量的作用，同全国科技力量一道，把握好世界科技发展大势，围绕建设世界科技强国，敏锐抓住科技革命方向，大力推动科技跨越发展，勇攀科技高峰。"[③] 2021年5月28日，习近平总书记在中国科学院第二十次院士大会、中国工程院第十五次院士大会和中国科协第十次全国代表大会上再次强调："强化国家战略科技力量，提升国家创新体系整体效能。世界科技强国竞争，比拼的是国家战略科技力量。国家实验室、国家科研机构、高水平研究型大学、科技领军企业都是国家战略科技力量的重要组成部分，要自觉履行高水平科技自立自强的使命担当。""要主动设计和牵头发起

[①] 习近平：《在中国科学院第二十次院士大会、中国工程院第十五次院士大会、中国科协第十次全国代表大会上的讲话》，人民出版社2021年版，第6—7页。

[②] 习近平：《为建设世界科技强国而奋斗——在全国科技创新大会、两院院士大会、中国科协第九次全国代表大会上的讲话》，新华网，2016年5月30日。

[③] 习近平：《在中国科学院第十九次院士大会、中国工程院第十四次院士大会上的讲话》，新华网，2018年5月28日。

国际大科学计划和大科学工程,设立面向全球的科学研究基金。"①

3. 一批标志性科技成就对建设世界科技强国具有带动作用

取得一批标志性科技成就对建设科技强国具有根本性带动作用。2014年8月18日,习近平总书记在中央财经领导小组第七次会议上指出:"到本世纪中叶建成社会主义现代化国家,科技强国是应有之义,但科技强国不是一句口号,得有内容,得有标志性技术。"②2018年5月28日,习近平总书记在中国科学院第十九次院士大会、中国工程院第十四次院士大会上强调:"建设世界科技强国,得有标志性科技成就。要强化战略导向和目标引导,强化科技创新体系能力,加快构筑支撑高端引领的先发优势,加强对关系根本和全局的科学问题的研究部署,在关键领域、卡脖子的地方下大功夫,集合精锐力量,作出战略性安排,尽早取得突破,力争实现我国整体科技水平从跟跑向并行、领跑的战略性转变,在重要科技领域成为领跑者,在新兴前沿交叉领域成为开拓者,创造更多竞争优势。要把满足人民对美好生活的向往作为科技创新的落脚点,把惠民、利民、富民、改善民生作为科技创新的重要方向。"③

4. 加强基础研究是建设世界科技强国的必由之路

基础研究是整个科学体系的源头,是所有技术问题的总机关。党的十八大以来,习近平总书记明确指出:"必须认识到,同建设世界科技强国的目标相比,我国发展还面临重大科技瓶颈,关键领域核心技术受制于人的格局没有从根本上改变,科技基础仍然薄弱,科技创

---

① 习近平:《在中国科学院第二十次院士大会、中国工程院第十五次院士大会、中国科协第十次全国代表大会上的讲话》,新华网,2021年5月28日。
② 习近平:《在中央财经领导小组第七次会议上的讲话》,新华网,2014年8月18日。
③ 习近平:《在中国科学院第十九次院士大会、中国工程院第十四次院士大会上的讲话》,新华网,2018年5月28日。

新能力特别是原创能力还有很大差距。"①"要瞄准世界科技前沿，抓住大趋势，下好'先手棋'，打好基础、储备长远，甘于坐冷板凳，勇于做栽树人、挖井人，实现前瞻性基础研究、引领性原创成果重大突破，夯实世界科技强国建设的根基。"② 2023年2月21日，习近平总书记在二十届中共中央政治局第三次集体学习时再次强调："加强基础研究，是实现高水平科技自立自强的迫切要求，是建设世界科技强国的必由之路。"基础研究要"坚持目标导向和自由探索'两条腿走路'，把世界科技前沿同国家重大战略需求和经济社会发展目标结合起来，统筹遵循科学发展规律提出的前沿问题和重大应用研究中抽象出的理论问题，凝练基础研究关键科学问题"，"要强化基础研究前瞻性、战略性、系统性布局"。③ 习近平总书记明确指出要从强化布局、深化改革、形成骨干网络、培育人才、加强国际合作、弘扬科学精神等6个方面推动基础研究实现高质量发展。

5. 一大批高水平创新人才是建设世界科技强国的关键所在

综合国力竞争说到底是人才竞争、教育竞争。全部科技史都证明，谁拥有了一流创新人才、拥有了一流科学家，谁就能在科技创新中占据优势。2016年5月30日，习近平总书记在全国科技创新大会、两院院士大会、中国科协第九次全国代表大会上指出："我国要建设世界科技强国，关键是要建设一支规模宏大、结构合理、素质优良的创新人才队伍，激发各类人才创新活力和潜力。要极大调动和充分尊重广大科技人员的创造精神，激励他们争当创新的推动者和实践者，使谋划

---

① 习近平：《为建设世界科技强国而奋斗——在全国科技创新大会、两院院士大会、中国科协第九次全国代表大会上的讲话》，新华网，2016年5月30日。
② 习近平：《在中国科学院第十九次院士大会、中国工程院第十四次院士大会上的讲话》，新华社，2018年5月28日。
③ 《习近平在中共中央政治局第三次集体学习时强调 切实加强基础研究 夯实科技自立自强根基》，新华网，2023年2月22日。

创新、推动创新、落实创新成为自觉行动。"①"牢固确立人才引领发展的战略地位,全面聚集人才,着力夯实创新发展人才基础。"② 2021年5月28日,习近平总书记在中国科学院第二十次院士大会、中国工程院第十五次院士大会和中国科协第十次全国代表大会上再次强调:"激发各类人才创新活力,建设全球人才高地。世界科技强国必须能够在全球范围内吸引人才、留住人才、用好人才。我国要实现高水平科技自立自强,归根结底要靠高水平创新人才。""要更加重视人才自主培养,更加重视科学精神、创新能力、批判性思维的培养培育。要更加重视青年人才培养,努力造就一批具有世界影响力的顶尖科技人才,稳定支持一批创新团队,培养更多高素质技术技能人才、能工巧匠、大国工匠。""要构筑集聚全球优秀人才的科研创新高地,完善高端人才、专业人才来华工作、科研、交流的政策。"③

二、加快建设科技强国的科学内涵

在2024年6月召开的全国科技大会、国家科学技术奖励大会、两院院士大会上,习近平总书记提出了建设科技强国"五个强大"的基本要素,科技强国必须拥有强大的基础研究和原始创新能力、强大的关键核心技术攻关能力、强大的国际影响力和引领力、强大的高水平科技人才培养和集聚能力、强大的科技治理体系和治理能力。④"五个强

---

① 习近平:《为建设世界科技强国而奋斗——在全国科技创新大会、两院院士大会、中国科协第九次全国代表大会上的讲话》,新华网,2016年5月30日。
② 习近平:《在中国科学院第十九次院士大会、中国工程院第十四次院士大会上的讲话》,新华网,2018年5月28日。
③ 习近平:《在中国科学院第二十次院士大会、中国工程院第十五次院士大会、中国科协第十次全国代表大会上的讲话》,新华网,2021年5月28日。
④ 习近平:《在全国科技大会、国家科学技术奖励大会、两院院士大会上的讲话》,《人民日报》2024年6月25日。

大"是科技强国的核心指标，既各有侧重，又相互作用，描绘出科技强国的宏伟图景。

（一）强大的基础研究和原始创新能力

基础研究和原始创新能力是建设科技强国"大厦"最重要的"地基"。习近平总书记指出："加强基础研究，是实现高水平科技自立自强的迫切要求，是建设世界科技强国的必由之路。"[①]"我国面临的很多'卡脖子'技术问题，根子是基础理论研究跟不上，源头和底层的东西没有搞清楚。"[②]"要瞄准世界科技前沿，强化基础研究，实现前瞻性基础研究、引领性原创成果重大突破。"[③]

基础研究是整个科学体系的源头，是所有技术问题的总机关。基础研究泛指人类从事自然社会规律、逻辑和现象等科学问题研究的活动，加强基础研究是建设世界科技强国的必然要求，是我们从未知到已知，从不确定性到确定性的必然选择。历史发展表明，世界科技强国都是科学基础雄厚的国家，都是在重要科技领域处于领先行列的国家，都是在解决人类面临的重大挑战、前沿科学问题、重大科学问题上取得一批原创性突破的国家，在开辟新的科学领域方向、构建新的科学理论体系上能作出引领性贡献的国家。"进入21世纪以来，全球科技创新进入空前密集活跃的时期，新一轮科技革命和产业变革正在重构全球创新版图、重塑全球经济结构。以人工智能、量子信息、移动通信、物联网、区块链为代表的新一代信息技术加速突破应用，以合成生物学、基因编辑、脑科学、再生医学等为代表的生命科学领域孕育新的变革，融合机器人、数字化、新材料的先进制造技术正在加速

[①] 习近平：《加强基础研究 实现高水平科技自立自强》，《求是》2023年第15期。
[②] 习近平：《论科技自立自强》，中央文献出版社2023年版，第240—241页。
[③] 习近平：《决胜全面建成小康社会 夺取新时代中国特色社会主义伟大胜利——在中国共产党第十九次全国代表大会上的报告》，人民出版社2017年版，第31页。

第一章
内涵意义：我们比历史上任何时期都需要建设世界科技强国

推进制造业向智能化、服务化、绿色化转型，以清洁高效可持续为目标的能源技术加速发展将引发全球能源变革，空间和海洋技术正在拓展人类生存发展新疆域。总之，信息、生命、制造、能源、空间、海洋等的原创突破为前沿技术、颠覆性技术提供了更多创新源泉，学科之间、科学和技术之间、技术之间、自然科学和人文社会科学之间日益呈现交叉融合趋势，科学技术从来没有像今天这样深刻影响着国家前途命运，从来没有像今天这样深刻影响着人民生活福祉。"[1]

基础研究具有前瞻性、引领性、开创性、探索性。习近平总书记指出："基础研究是创新的源头活水，我们要加大投入，鼓励长期坚持和大胆探索，为建设科技强国夯实基础。"[2]我国基础研究正在从"跟踪学习"向"原创引领"转变，抓住科技革命和产业变革新机遇、实现高水平科技自立自强、建设科技强国，迫切需要推动基础研究高质量发展。要强化基础研究前瞻性、战略性、系统性布局，坚持"四个面向"，坚持目标导向和自由探索"两条腿走路"，把握科技发展趋势和国家战略需求，强化国家战略科技力量，优化基础学科建设布局，构筑全面均衡发展的高质量学科体系。基础研究要遵循科学发现自身规律，以探索世界奥秘的好奇心来驱动，鼓励自由探索和充分的交流辩论。"基础研究要勇于探索、突出原创，推进对宇宙演化、意识本质、物质结构、生命起源等的探索和发现，拓展认识自然的边界，开辟新的认知疆域。基础研究更要应用牵引、突破瓶颈，从经济社会发展和国家安全面临的实际问题中凝练科学问题，弄通'卡脖子'技术的基础理论和技术原理。"[3]"要通过重大科技问题带动，在重大应用研究中抽象出理论问题，进而探索科学规律，使基础研究和应用研究相互促

---

[1] 习近平：《论科技自立自强》，中央文献出版社2023年版，第198页。
[2] 习近平：《论科技自立自强》，中央文献出版社2023年版，第235页。
[3] 习近平：《论科技自立自强》，中央文献出版社2023年版，第7页。

进。"①要统筹部署战略导向的体系化基础研究、前沿导向的探索性基础研究、市场导向的应用性基础研究。战略导向的体系化基础研究，主要聚焦人类可持续发展与国家高质量发展重大需求背后的基础科学问题。前沿导向的探索性基础研究，面向世界科技发展的最前沿，尽力实现"从0到1"的原创性、引领性突破，为人类认识自然不断开拓新领域、拓展新视野。市场导向的应用性基础研究，瞄准重大产业技术背后的基础性、关键性原理问题，快速迭代推广创新成果，推动科学技术与经济社会发展加速渗透融合。要明确我国基础研究领域方向和发展目标，久久为功，持续不断坚持下去。要加大多元化基础研究投入，形成持续稳定投入机制。要打造世界一流科技期刊，建成有国际影响力的学术平台。要构筑国际基础研究合作平台，形成具有全球竞争力的开放创新生态。各级党委和政府要加强统筹协调，加大政策支持，推动基础研究实现高质量发展。②

（二）强大的关键核心技术攻关能力

关键核心技术攻关能力是以国家战略需求为导向，依托联合攻关，聚力实现技术突破并推动其向工程应用转化的能力。习近平总书记反复强调："关键核心技术是要不来、买不来、讨不来的。只有把关键核心技术掌握在自己手中，才能从根本上保障国家经济安全、国防安全和其他安全。"③只有加快突破关键核心技术，解决"卡脖子"技术难题，才能不断提升我国发展的独立性、自主性、安全性。我们要努力实现关键核心技术自主可控，把创新主动权、发展主动权牢牢掌握在自己手中。

关键核心技术是指在技术链和产业链中起决定性作用且居于核心

---

① 习近平：《论科技自立自强》，中央文献出版社2023年版，第240—241页。
② 参见习近平：《加强基础研究　实现高水平科技自立自强》，《求是》2023年第15期。
③ 习近平：《论科技自立自强》，中央文献出版社2023年版，第201页。

第一章
内涵意义：我们比历史上任何时期都需要建设世界科技强国

地位的、事关国家发展和安全重大问题的技术体系。关键核心技术从属于核心技术的一类分支，是核心技术中起到决定性作用的关键部分。核心技术主要包括以下三个方面的技术："一是基础技术、通用技术。二是非对称技术、'杀手锏'技术。三是前沿技术、颠覆性技术。在这些领域，我们同国外处在同一条起跑线上，如果能够超前部署、集中攻关，很有可能实现从跟跑并跑到并跑领跑的转变。"[①] 关键核心技术受制于人就成了"卡脖子"技术。重大关键核心技术是指体现国家意志、实现国家战略目标、解决国家发展和安全重大问题的技术。[②] 关键核心技术可分为关键共性技术、前沿引领技术、现代工程技术、颠覆性技术等四类。习近平总书记指出："要增强'四个自信'，以关键共性技术、前沿引领技术、现代工程技术、颠覆性技术创新为突破口，敢于走前人没走过的路，努力实现关键核心技术自主可控，把创新主动权、发展主动权牢牢掌握在自己手中。"[③] 其中，关键共性技术是指在多个行业或领域广泛应用，并对整个或多个产业形成瓶颈制约作用的技术，具有研发难度大、周期长的特征。发展具有公共品特性的关键共性技术，在行业和市场应用中具有显著的外部性，商业化潜力巨大，有助于提升我国制造业整体实力和国家国际综合竞争力，为实现中华民族伟大复兴提供重要技术保障，比如，人工智能、5G、大数据、超级计算和区块链等关键共性技术。[④] 前沿引领技术是指在关键核心技术中具有前瞻性、先导性和探索性的重大技术，对国家未来新兴产业的形成和发展具有重要引领作用。习近平总书记指出："瞄准人工智能、量子信息、集成电路、先进制造、生命健康、脑科学、生物育种、空天科

---

① 习近平：《论科技自立自强》，中央文献出版社2023年版，第125页。
② 《建设社会主义现代化强国的必然要求——科技部部长王志刚谈科技自立自强》，新华网，2023年1月1日。
③ 习近平：《论科技自立自强》，中央文献出版社2023年版，第201页。
④ 巫云仙：《综合施策促进关键共性技术创新》，《光明日报》2020年1月8日。

技、深地深海等前沿领域，前瞻部署一批战略性、储备性技术研发项目，瞄准未来科技和产业发展的制高点。"①现代工程技术是指在科学原理和产业发展、工程研制之间发挥桥梁纽带作用的技术，"在现代科学技术体系中发挥着关键作用。要大力加强多学科融合的现代工程和技术科学研究，带动基础科学和工程技术发展，形成完整的现代科学技术体系"②。颠覆性技术是指基于全新科学技术原理发展出的新技术，具有重塑未来格局的革命性力量，对提升国家军事实力、产业竞争力和人民生活水平等各个方面都能起到重大影响。习近平总书记指出："一些重大颠覆性技术创新正在创造新产业新业态，信息技术、生物技术、制造技术、新材料技术、新能源技术广泛渗透到几乎所有领域，带动了以绿色、智能、泛在为特征的群体性重大技术变革，大数据、云计算、移动互联网等新一代信息技术同机器人和智能制造技术相互融合步伐加快，科技创新链条更加灵巧，技术更新和成果转化更加快捷，产业更新换代不断加快，使社会生产和消费从工业化向自动化、智能化转变，社会生产力将再次大提高，劳动生产率将再次大飞跃。"③

党的十八大以来，我国科技实力稳步增强，如期进入创新型国家行列，开启了加快建设科技强国的新阶段。但必须清醒认识到，关键核心技术受制于人的局面没有得到根本性改变，突破"卡脖子"关键核心技术刻不容缓。"要从国家急迫需要和长远需求出发，在石油天然气、基础原材料、高端芯片、工业软件、农作物种子、科学试验用仪器设备、化学制剂等方面关键核心技术上全力攻坚，加快突破一批药品、医疗器械、医用设备、疫苗等领域关键核心技术。"④要在事关发展全局和国家安全的关键领域、卡脖子的地方下大功夫，以关键共性技

---

① 习近平：《论科技自立自强》，中央文献出版社2023年版，第8页。
② 习近平：《论科技自立自强》，中央文献出版社2023年版，第8页。
③ 习近平：《论科技自立自强》，中央文献出版社2023年版，第151—152页。
④ 习近平：《论科技自立自强》，中央文献出版社2023年版，第7—8页。

术、前沿引领技术、现代工程技术、颠覆性技术创新为突破口，瞄准人工智能、量子信息、集成电路、先进制造、生命健康、脑科学、生物育种、空天科技、深地深海等前沿领域，前瞻部署一批战略性、储备性技术研发项目，瞄准未来科技和产业发展的制高点，实施好国家重大科学计划和科学工程。加快推进关键核心技术自主可控，要关注亟待解决的关键核心技术，完善关键核心技术创新的遴选和支持机制，集合精锐力量，作出战略性安排，重塑产业链、供应链竞争格局，把创新主动权、发展权牢牢掌握在自己手中，力争实现我国整体科技水平从跟跑向并行、领跑的战略性转变，在重要科技领域成为领跑者，在新兴前沿交叉领域成为开拓者，创造更多竞争优势。

（三）强大的国际影响力和引领力

国际影响力和引领力是科技强国的显著标志，体现了一个国家在国际科技合作与交流、国际科技标准制定等方面的综合实力和优势。科技强国是一个比较性、世界性的概念，是与同时期国家相比较而言的。习近平总书记强调："中国要强盛、要复兴，就一定要大力发展科学技术，努力成为世界主要科学中心和创新高地。"[①] 世界科技强国是能够汇聚全球科技创新资源，引领全球科技创新前沿方向，建设国际化开放科技创新生态，拥有雄厚的技术扩散和应用能力，实现核心竞争力和综合国力保持世界领先的国家。

建设世界科技强国，首先，在全球科技创新格局中的位势要位于前列。也就是说，要在全球科技治理中具有强大的影响力和规则制定能力。习近平总书记指出："科学技术是世界性的、时代性的，发展科学技术必须具有全球视野。"[②] 要建设国际化开放科技创新生态，主动设计和牵头发起国际大科学计划和大科学工程，主动发起全球科技创

[①] 习近平：《论科技自立自强》，中央文献出版社2023年版，第199页。
[②] 习近平：《论科技自立自强》，中央文献出版社2023年版，第205页。

新议题，设立面向全球的科学研究基金。其次，要具有引领世界科技创新的能力。世界科技强国是世界主要科学中心和技术发源地，要能够产生影响世界科技发展和文明进步的重大原创性成果和国际顶尖水平的科学大师，汇聚大批一流科学家和优质教育大师，各类创新人才层出不穷，拥有世界一流高校、科研机构、创新型企业和高水平创新基地，成为全球高端创新人才的聚集地。再次，要前瞻谋划和深度参与全球科技治理。要发起设立国际科技组织，支持国内高校、科研院所、科技组织同国际对接。要努力增进国际科技界开放、信任、合作，以更多重大原始创新和关键核心技术突破为人类文明进步作出新的更大贡献，并有效维护我国的科技安全利益。最后，也要清醒地认识到，科技是发展的利器，但也可能成为风险的源头。要前瞻研判科技发展带来的规则冲突、社会风险、伦理挑战，完善相关法律法规、伦理审查规则及监管框架。要深度参与全球科技治理，贡献中国智慧，塑造科技向善的文化理念，让科技更好增进人类福祉，让中国科技为推动构建人类命运共同体作出更大贡献！

加快向具有全球影响力的科技创新中心进军。习近平总书记强调："当今世界，谁牵住了科技创新这个'牛鼻子'，谁走好了科技创新这步先手棋，谁就能占领先机、赢得优势。"[①] 我们要立足国内、放眼全球，整合国内资源，努力在推进科技创新、实施创新驱动发展战略方面走到世界前列，加快向具有全球影响力的科技创新中心进军。要以全球视野谋划和推动科技创新，积极融入全球科技创新网络，努力构建服务可持续创新的全球伙伴关系，为世界可持续发展提供更多的中国方案和中国经验。发挥民间科技人文交流的独特优势，更紧密连接世界各国科技人才与科技组织，拓展我国科技工作者、科技组织参与国际科技治理渠道，服务我国科学家在国际交流中当好"科技使者"，

---

① 习近平：《论科技自立自强》，中央文献出版社2023年版，第62页。

积极吸纳外籍科学家在我国科技学术组织任职，在国际科技合作中展现中华民族以和邦国、兼济天下的胸怀和格局。面向前沿科技领域抢抓发展先机，大力支持全国学会和顶尖科学家发起成立国际科技组织，推动国际科技组织落户中国，使我国成为全球科技开放合作的广阔舞台，以更宏大的格局联结世界，为人类文明进步和全面发展贡献强大的中国力量。要形成全方位、多层次、广领域的国际科技合作新格局，在更高起点上推进自主创新，主动布局和积极利用国际创新资源，努力构建合作共赢的伙伴关系，共同应对未来发展、气候变化、能源安全、粮食安全、生物安全、人类健康、外层空间利用等全球问题，在实现自身发展的同时惠及其他更多国家和人民，推动全球范围平衡发展。"要把'一带一路'建成创新之路，合作建设面向沿线国家的科技创新联盟和科技创新基地，为各国共同发展创造机遇和平台。"[1]我国坚定实施更加开放包容、互惠共享的国际科技合作战略，同各国携手打造开放、公平、公正、非歧视的科技发展环境，深化双多边政府间交流合作和创新对话。我国发挥科技创新重要作用，以开放创新生态建设为抓手，与共建"一带一路"国家在国际科技合作平台建设、科技人文交流、科技促进经济社会发展等方面展开合作，共同将"一带一路"建设成为名副其实的"创新之路"。

（四）强大的高水平科技人才培养和集聚能力

高水平科技人才培养和集聚能力是国家和地区在科技创新领域所具备的一种核心竞争力，是建设科技强国的重要动力和要素保障。人才是第一资源，是科技创新最活跃、最具决定意义的能动主体，培植好人才成长的沃土，壮大国际顶尖科技人才队伍和国家战略科技力量，是加快建设科技强国的重中之重。

---

[1] 习近平：《论科技自立自强》，中央文献出版社2023年版，第206页。

创新驱动本质是人才驱动，综合国力竞争说到底是人才竞争。习近平总书记强调，"我国要实现高水平科技自立自强，归根结底要靠高水平创新人才"①，"我们要把教育、科技、人才作为全面建设社会主义现代化国家的基础性、战略性支撑，坚持科技是第一生产力、人才是第一资源、创新是第一动力，深入实施科教兴国战略、人才强国战略、创新驱动发展战略，不断塑造发展新动能新优势"②。在加快建设世界科技强国、实现中国式现代化的历史征程中，需要着眼高水平科技人才这一关键要素，进一步畅通教育、科技、人才的良性循环，不断壮大科技强国的人才根基。从历史经验来看，许多世界科技强国，同时也是教育强国和人才强国。教育、科技、人才三者相辅相成、相互促进，共同构成了现代化强国建设的关键支撑。教育是培养人才的重要阵地，是提高人民综合素质、促进人的全面发展的重要手段。教育不仅为科技创新提供人才支持，还通过提高国民整体素质来增强国家的创新能力和竞争力。科技是对教育所输送知识的创新性应用，是推动经济社会发展和国家现代化建设的重要驱动力。科技进步能够提高生产效率，推动产业升级，进而驱动经济社会发展进步变革。人才是知识传播和进行科技创造的主体，是科技创新和教育发展的核心力量。高素质的人才能够直接推动科技进步和教育创新，是实现民族振兴和赢得国际竞争主动的关键资源。加快建设科技强国的号角已经吹响，我们比历史上任何时期都更加接近实现中华民族伟大复兴的宏伟目标，也比历史上任何时期都更加渴求人才。因此，我们必须从党和国家发展大局着眼，统筹推进教育、科技、人才一体化综合改革，形成教育科技人才相互辅助、有机统一格局，着力形成建设世界科技强国的坚实基础和智力支持。

---

① 习近平：《在中国科学院第二十次院士大会、中国工程院第十五次院士大会、中国科协第十次全国代表大会上的讲话》，《人民日报》2021年5月29日。
② 习近平：《为实现党的二十大确定的目标任务而团结奋斗》，《求是》2023年第1期。

第一章
内涵意义：我们比历史上任何时期都需要建设世界科技强国

科技强国建设需要依赖高水平科技人才，而想要建设一支规模宏大、结构合理、素质优良的高水平科技人才队伍，两个最关键的环节就是人才的培养和集聚。一方面，人才培养靠教育，必须不断创新人才培养模式，全面提高人才自主培养质量。正如习近平总书记所指出的，"培养创新型人才是国家、民族长远发展的大计"，"要更加重视人才自主培养，更加重视科学精神、创新能力、批判性思维的培养培育。要更加重视青年人才培养，努力造就一批具有世界影响力的顶尖科技人才，稳定支持一批创新团队，培养更多高素质技术技能人才、能工巧匠、大国工匠"。[1] 在基础教育方面，应提高全民科学素养，着力提升科学教育比重，激发青少年的创新兴趣，探索个性化成长路径，培养科学家潜质的青少年创新人才，从教育的起点入手为培养科技人才打下坚实的基础。在高等教育方面，高校作为教育、科技、人才的交汇点，是科技创新和人才培养的主阵地，需优化学科设置，创新人才培养模式，加强基础学科、新兴学科和交叉学科建设。同时，职业教育和技能培训也需加强，以培养技术熟练的工程师和技术人员。此外，更要鼓励终身学习，使科技人才能够不断更新知识，跟上科技发展的步伐。另一方面，人才集聚靠政策，必须以更加积极、开放、有效的人才政策，构筑汇聚全球智慧资源的创新高地。正如习近平总书记所指出的，"世界科技强国必须能够在全球范围内吸引人才、留住人才、用好人才"[2]。具体而言，要实施多元开放的创新人才引进支持保障机制，不断创新交流合作模式，通过税收优惠、科研资助和改善居住条件等措施，搭建人才平台，吸引国内外优秀人才。同时，还要进一步深化人才发展体制机制改革，建立有效的人才激励机制，包括提供有

---

[1] 习近平：《在中国科学院第二十次院士大会、中国工程院第十五次院士大会、中国科协第十次全国代表大会上的讲话》，《人民日报》2021年5月29日。

[2] 习近平：《在中国科学院第二十次院士大会、中国工程院第十五次院士大会、中国科协第十次全国代表大会上的讲话》，《人民日报》2021年5月29日。

竞争力的薪酬、晋升机会和奖励制度，以激发人才的创新活力和工作热情。此外，还需放宽人才流动政策，促进人才在不同地区和机构间的合理流动，优化人才配置。总之，通过教育培养和政策集聚，可以加快世界重要人才中心和创新高地的建设，为加快建设科技强国提供强有力的人才支持。

（五）强大的科技治理体系和治理能力

科技治理体系和治理能力是高效、有序与可持续的管理机制和运作能力，是建设科技强国的重要体制保障和组织支撑。世界科技强国竞争背后较量的是谁的制度更完善，谁的创新生态和科研环境更优越。党的二十届三中全会对构建支持全面创新体制机制做出系统部署，为提升科技治理体系和治理能力提供了根本遵循，要全面深化科技体制机制改革，形成世界一流的创新生态和科研环境，实现国家科技实力的跃升。

2024年4月23日，习近平总书记在重庆考察时强调，"治理体系和治理能力现代化是中国式现代化的应有之义"[1]。中国式现代化的关键在于科技现代化，科技治理体系和治理能力现代化是实现科技现代化的客观要求，而强大的科技治理体系和治理能力是我们进一步加快建设世界科技强国的强大动力。首先，科技治理体系和治理能力现代化是应对科技创新挑战的时代选择。随着新一轮科技革命和产业变革的深入发展，科学研究和技术创新面临前所未有的复杂性和不确定性，这要求我们必须通过现代化的科技治理体系和治理能力来应对这些挑战。以科技创新法治建设为例，新技术的广泛应用带来了许多新产业、新模式、新业态，同时也带来了诸多风险挑战和不安全因素，使科技创新法律体系建设面临挑战。在这种情况下，在法治框架内破除创新资

---

[1] 《习近平在重庆考察时强调：进一步全面深化改革开放　不断谱写中国式现代化重庆篇章》，《人民日报》2024年4月25日。

源供给和整合的现实障碍，构建与科技发展相适应的科技创新资源供给机制就显得尤为重要。因此，我们必须进一步完善和提升科技治理体系和治理能力，以应对科技创新方面的全新挑战，确保科技创新能够顺利推进。其次，科技治理体系和治理能力现代化是实现高水平科技自立自强的客观要求。党的二十大报告明确指出，加快实现高水平科技自立自强是我国现代化建设的基础性、战略性支撑。科技自立自强不仅涉及技术层面的自主创新，还涉及完善的科技治理体系和治理能力，以确保国家战略科技力量的强化和创新型国家的建设。通过不断提高党的科技治理能力，有助于健全"决策—咨询—执行—评估"的有效衔接机制，提高决策的科学性和执行的有效性，同时也有利于充分发挥新型举国体制的优势，提升国家创新体系整体效能。最后，科技治理体系和治理能力现代化是形成新质生产力的实践所需。科技创新是推动经济社会发展的关键动力，而健全的科技创新治理体系能够激发市场创新活力，促进经济高质量发展。通过深化产学研合作，及时将科技创新成果应用到具体产业和产业链上，可以加快新质生产力的发展。此外，完善科技治理体系有助于提升科技创新供给能力，促进经济社会数字化转型与变革，形成创新驱动发展的良性循环。

党的十八大以来，以习近平同志为核心的党中央全面系统谋划科技创新工作，有力推动我国科技治理体系和治理能力现代化迈出坚实步伐。为加强党中央对科技工作的集中统一领导，组建了中央科技委员会作为党中央决策议事协调机构，统筹解决科技领域战略性、方向性、全局性重大问题。组织开展了国家科技基础条件平台建设，完善以国家实验室、国家重点实验室为代表的国家科技创新体系，推动构建政府引导、市场主导、多方参与的创新联合体，鼓励领军企业成为创新主体。实行重大科研任务"揭榜挂帅"和"赛马"制，实施以知识价值为导向的分配政策，建立了基于信任的科技项目和经费的管理制度，树立了以质量、绩效、贡献为核心的评价导向。习近平总书记多次强调，必须全面深化科技体制改革，提升创新体系效能，着力激发创新活力，破除一切制约科技创新的思想障碍和制度藩篱。站在新的历史起点上，我们面临着愈发严峻的国际形势与愈发深刻的科技变革。为此，我们要健全新型举国体制，强化国家战略科技力量，加强战略规划、政策措施、重大任务、科研力量、资源平台、区域创新等方面的统筹，构建协同高效的决策指挥体系和组织实施体系，以尊重科学规律、经济规律、市场规律为基础，打通科技创新环节，有效保障国家科技安全、经济安全、社会安全和信息安全。同时，还要深化科技评价体系改革，强化基础研究领域、交叉前沿领域、重点领域前瞻性、引领性布局，通过构建以科技创新质量、绩效、贡献为核心的评价导向，激励科研人员的创新活动，提高科研工作的整体质量和效益。此外，加强科技伦理治理，严肃整治学术不端行为，也是确保科技创新健康发展的必要条件。要加快构建中国特色科技伦理体系，健全多方参与、协同共治的科技伦理治理体制机制，推动在科技创新的基础性立法中对科技伦理监管、违规查处等治理工作作出明确规定，并在其他相关立法中落实科技伦理要求。总之，只有积极推动科技治理能力提升，构建一个高效能、现代化的科技治理体系，才能为实现高水平科技自立自强和加快建设世界科技强国奠定坚实基础。

三、加快建设科技强国的重要意义

科技自立自强是国家强盛之基、安全之要。在全球化浪潮和日趋激烈的国际竞争中，科技创新如逆水行舟，不进则退，深刻关乎国家根本。习近平总书记强调："科学技术从来没有像今天这样深刻影响着国家前途命运，从来没有像今天这样深刻影响着人民生活福祉。"[1] 以中

---

[1] 习近平：《论科技自立自强》，中央文献出版社2023年版，第198页。

第一章
内涵意义：我们比历史上任何时期都需要建设世界科技强国

国式现代化全面推进中华民族伟大复兴，必须更多依靠创新驱动为中国经济社会发展注入强大动力，以创新发展引领全面发展，这是涉及我国发展全局的一次深刻变革。我们要强化建设世界科技强国对社会主义现代化强国建设的战略支撑，赢得国际竞争新优势，推动实现高质量发展，夯实国家安全基础，在更高层次、更大范围发挥科技创新的引领作用。

（一）赢得国际竞争新优势的必然选择

加快建设科技强国、实现高水平科技自立自强是抢占未来发展制高点、赢得国际竞争新优势的必然选择。习近平总书记指出："深入实施创新驱动发展战略，把科技的命脉牢牢掌握在自己手中，在科技自立自强上取得更大进展，不断提升我国发展独立性、自主性、安全性，催生更多新技术新产业，开辟经济发展的新领域新赛道，形成国际竞争新优势。"[1] 哪个国家率先在全球范围内突破新一轮科技革命中的主导技术，引爆全球新一轮产业变革，哪个国家就能够筑造未来发展的新根基、新优势，赢得全球新一轮发展的战略主动权、主导权。

科技创新在国际竞争中的地位日趋提升。近代以来世界发展历程清楚地表明，一个国家和民族的科技创新能力，从根本上影响甚至决定着国家和民族的前途命运。英国、德国、美国等国家先后抓住历次科技革命中的主导技术，率先引爆全球产业变革，进而在全球政治经济格局中占据了主导地位。当前，世界新一轮科技革命和产业变革加速演进和拓展，基础前沿领域相继突破，颠覆性创新不断涌现，新的科学研究范式和各学科跨界融合的创新模式将成为未来科技发展的重要推动力量。以人工智能、光子技术、量子信息、可控核聚变、合成生物学、深空深海等为代表的前沿技术正在加速突破，尤其是以人工

---

[1] 习近平：《论科技自立自强》，中央文献出版社2023年版，第284页。

智能引领的新一代信息技术促进多个前沿技术领域交叉融合，发生多点突破、齐头并进的链式变革。比如，近年来，互联网、大数据、云计算、人工智能、区块链等数字技术创新活跃，数据作为关键生产要素的价值日益凸显，深入渗透到经济社会各领域全过程，数字化转型深入推进，传统产业加速向智能化、绿色化、融合化方向转型升级，新产业、新业态、新模式蓬勃发展，推动生产方式、生活方式发生深刻变化，"数字经济发展速度之快、辐射范围之广、影响程度之深前所未有，正在成为重组全球要素资源、重塑全球经济结构、改变全球竞争格局的关键力量"[①]。科技创新广度显著加大，深度显著加深，速度显著加快，精度显著加强，科技创新呈现交叉、融合、渗透、扩散的鲜明特征。世界主要创新国家都在努力把握机遇，不断加强对科技研发的重视和支持，出台多项政策法案抢先布局科技前沿，优化科技竞争策略，抢占未来科技发展先机；都在加快调整重构科研组织体系，建立适应新兴科学和技术发展的管理架构，力求在新一轮科技竞争中赢得优势。

发挥体制优势凝聚强大科技创新合力。全面建设社会主义现代化国家，必须坚持科技为先，发挥科技创新的关键和中坚作用。当今世界正经历百年未有之大变局，科技创新是其中一个关键变量，各主要国家纷纷把科技创新作为国际战略博弈的主要战场，围绕科技制高点的竞争空前激烈，谁牵住了科技创新这个"牛鼻子"，谁走好了科技创新这步先手棋，谁就能占领先机、赢得优势。科技创新正在深刻改变世界发展格局，各国纷纷强化前沿技术领域自主创新能力建设，加紧部署重大前沿领域科技创新，努力抢占竞争的科技制高点。在激烈的国际竞争面前，在单边主义、保护主义上升的大背景下，如果缺乏独创独有的能力，不能实现高端引领，没有在战略性科技领域方面实

---

① 习近平：《论科技自立自强》，中央文献出版社2023年版，第278页。

现重大突破，就难以在变局中开新局、于危机中育先机。处于世界新一轮科技革命和产业变革同我国转变发展方式的历史性交汇期，我国既面临着千载难逢的历史机遇，又面临着差距拉大的严峻挑战。党的二十大报告提出："我国发展进入战略机遇和风险挑战并存、不确定难预料因素增多的时期，各种'黑天鹅'、'灰犀牛'事件随时可能发生。我们必须增强忧患意识，坚持底线思维，做到居安思危、未雨绸缪，准备经受风高浪急甚至惊涛骇浪的重大考验。"[1] 我们要识变、应变、求变，不能陷入被动，要抓住这一重要战略机遇，要掌握制高点和主动权，重塑我国国际合作和竞争新优势。我国"十四五"时期以及更长时期的发展对加快科技创新提出了更为迫切的要求，科技创新任重而道远。我们要坚定创新自信，抢抓创新机遇，勇攀科技高峰，破解发展难题，直面科技领域长期存在的痛点难点，久久为功、下大力气攻坚克难。我们必须瞄准世界科技前沿，引领科技发展方向，强化战略导向和目标引导，掌握一批重大颠覆性技术创新成果，力争在重要科技领域实现跨越发展，跻身世界先进行列，"实现我国整体科技水平从跟跑向并行、领跑的战略性转变，在重要科技领域成为领跑者，在新兴前沿交叉领域成为开拓者"[2]，加快构筑支撑高端引领的竞争新优势，成为世界主要科学中心和创新高地。

（二）推动实现高质量发展的重要支撑

高质量发展是全面建设社会主义现代化国家的首要任务，必须牢记高质量发展是新时代的硬道理。推动实现高质量发展，必须坚持科技是第一生产力、人才是第一资源、创新是第一动力，让科技创新根植于经济社会全面发展的土壤，培育构建促进可持续增长的新动力引擎。习近平总书记指出："加快科技创新是推动高质量发展的需要。建

---

[1]　《习近平著作选读》第1卷，人民出版社2023年版，第22页。
[2]　习近平：《论科技自立自强》，中央文献出版社2023年版，第201页。

设现代化经济体系，推动质量变革、效率变革、动力变革，都需要强大科技支撑。"[1] 在全面建设社会主义现代化国家的新征程上，必须加快建设科技强国，依靠科技强国建设提供更高质量的科技创新供给，推动科技创新主动引领经济社会发展，打造经济增长、产业升级、民生改善的内生动力，为实现高质量发展提供强有力的科技支撑。

我国经济发展已经由高速增长转向高质量发展。高质量发展是我国未来经济社会发展的新目标和新要求，它既包括社会发展链条上的经济发展这一起点，也包括政治、文化、社会制度等方面的成熟与否，还体现着社会发展的根本理念和最终目标。习近平总书记在参加十三届全国人大四次会议青海代表团审议时强调："高质量发展是'十四五'乃至更长时期我国经济社会发展的主题，关系我国社会主义现代化建设全局。高质量发展不只是一个经济要求，而是对经济社会发展方方面面的总要求；不是只对经济发达地区的要求，而是所有地区发展都必须贯彻的要求；不是一时一事的要求，而是必须长期坚持的要求。"[2] 推动高质量发展必须完整、准确、全面贯彻新发展理念。创新是引领发展的第一动力，抓创新就是抓发展，谋创新就是谋未来。科技创新是核心，抓住了科技创新就抓住了牵动我国经济社会发展全局的关键，牵住创新"牛鼻子"就能成为高质量发展"领跑者"。协调是持续健康发展的内在要求，协调发展注重的是解决发展不平衡问题。要立足于科技创新，释放创新驱动的原动力，让创新成为发展基点，拓展发展新空间，创造发展新机遇，打造发展新引擎，促进新型工业化、信息化、城镇化、农业现代化同步发展，提升发展整体效能，在新的发展水平上实现协调发展。绿色是永续发展的必要条件和人民对美好生活追求的重要体现。科技创新有力支撑美丽中国建设，打好污染防治攻坚战，更多资源生态环境、

---

[1] 习近平：《论科技自立自强》，中央文献出版社2023年版，第238页。
[2] 习近平：《论把握新发展阶段、贯彻新发展理念、构建新发展格局》，中央文献出版社2021年版，第533页。

第一章
内涵意义：我们比历史上任何时期都需要建设世界科技强国

清洁高效能源等绿色科技领域的创新突破强力支撑碳达峰碳中和行动取得更大进展。开放是国家繁荣发展的必由之路，中国科技发展越来越离不开世界，世界科技进步也越来越需要中国。要充分运用人类社会创造的先进科学技术成果和有益管理经验，全方位深化科技开放合作，推动经济社会高质量发展。共享是中国特色社会主义的本质要求，共享发展注重的是解决社会公平正义问题。科学技术特别是人工智能等新一代信息技术的推广应用，可以大大消除不同收入人群、不同地区间的数字鸿沟，促进优质公共资源的开放共享，实现优质文化教育资源均等化、优质医疗卫生资源普惠共享，更好满足广大人民群众对美好生活的新期待。

科技创新有力支撑实体经济特别是制造业做实做强做优。习近平总书记在主持中共中央政治局第十一次集体学习时强调："科技创新能够催生新产业、新模式、新动能，是发展新质生产力的核心要素。"[1] 世界知识产权组织《2023年全球创新指数报告》显示，中国拥有24个全球百强科技集群，数量首次跃居世界第一。[2] 科技创新对推动中国经济发展的作用将是基础性的、长期性的。当前，世界正在进入以信息产业为主导的经济发展时期，我们要把握住数字化、网络化、智能化融合发展的契机，以信息化、智能化为杠杆培育新动能，这对推动我国经济实现高质量发展至关重要。要突出先导性和支柱性，优先培育和大力发展一批战略性新兴产业集群，构建产业体系新支柱；要推进互联网、大数据、人工智能同实体经济深度融合，做强做优做大数字经济；要以智能制造为主攻方向推动产业技术变革和优化升级，推动制造业产业模式和企业形态根本性转变，以"鼎新"带动"革故"，以增

---

[1] 《习近平在中共中央政治局第十一次集体学习时强调 加快发展新质生产力 扎实推进高质量发展》，《人民日报》2024年2月2日。

[2] 《中国经济回升向好提振全球增长信心》，《人民日报》2024年3月12日。

量带动存量，促进我国产业迈向全球价值链中高端。① 加快构建以国内大循环为主体、国内国际双循环相互促进的新发展格局，迫切需要科技创新做好"动力引擎"、当好"开路先锋"，为现代化产业体系"强筋健骨"、注入强大动力。必须依靠科技创新提高供给体系规模和水平，推动新技术快速大规模应用和迭代升级，释放和创造新的巨大需求，增强国内大循环内生动力的持续性和可靠性，提升国际循环地位和能级，畅通国内国际双循环，赢得高质量发展的先手权。只有建设科技强国、实现高水平科技自立自强，才能为构建新发展格局、推动高质量发展提供关键着力点、主要支撑体系和新的成长空间，才能牢牢依靠科技创新的最新成果驱动实现"内涵型"增长，将践行新发展理念的高质量发展目标扎实落地。科技创新有力保障供给侧结构性改革，落实"三去一降一补"任务，必须在推动发展的内生动力和活力上来一个根本性转变，更多依靠创新驱动、发挥先发优势，实现引领性发展。习近平总书记强调，高端制造是经济高质量发展的重要支撑。要及时将科技创新成果应用到具体产业和产业链上，改造提升传统产业，培育壮大新兴产业，布局建设未来产业，完善现代化产业体系。要围绕发展新质生产力布局产业链，提升产业链供应链韧性和安全水平，保证产业体系自主可控、安全可靠。要围绕推进新型工业化和加快建设制造强国、质量强国、网络强国、数字中国和农业强国等战略任务，科学布局科技创新、产业创新。要大力发展数字经济，促进数字经济和实体经济深度融合，打造具有国际竞争力的数字产业集群。②

（三）夯实国家安全基础的内在要求

加快建设科技强国是夯实国家安全基础的内在要求。科技创新是

---

① 习近平：《论科技自立自强》，中央文献出版社2023年版，第200页。
② 参见《习近平在中共中央政治局第十一次集体学习时强调　加快发展新质生产力　扎实推进高质量发展》，《人民日报》2024年2月2日。

第一章
内涵意义：我们比历史上任何时期都需要建设世界科技强国

推动国家发展的重要动力，也是实现国家安全的重要保障。当前，我国经济社会发展的内外部形势更加复杂多变，风险挑战显著增加。要充分研判形势，把握方向，更好发挥科技创新的战略支撑作用。

国家安全工作要坚持总体国家安全观。科技因素以其基础性、关键性的作用成为支撑国家安全的最重要的物质因素。纵观历史，我们不难看到，科技实力强大的国家往往也是综合国力、整体竞争力强大的国家，科技落后的国家却往往会因为国力羸弱而被动挨打。科技发展水平极大影响着国家的整体竞争力，科技安全水平可以说直接决定了国家的安全水平。习近平总书记高瞻远瞩地提出总体国家安全观，强调："科技领域安全是国家安全的重要组成部分。"[①] 总体国家安全观内涵十分丰富，包括政治、国土、军事、经济、文化、社会、科技、信息、生态、资源、核等重点领域安全，以及太空、深海、极地、生物等新兴领域安全。党的十九届四中全会明确，以人民安全为宗旨，以政治安全为根本，以经济安全为基础，以军事、科技、文化、社会安全为保障，健全国家安全体系，增强国家安全能力。科技创新是支撑和保障其他领域安全的力量源泉和逻辑起点，是塑造中国特色国家安全的物质技术基础。历史证明，科技兴则国家兴，科技强则国家强。近代我国错过几次科技革命、工业革命的发展机会。新中国成立特别是改革开放以来，党和国家大力发展科技事业，科技在支撑发展和维护国家安全中发挥了至关重要的作用。当前，科技越来越成为影响国家竞争力和战略安全的关键要素，在维护相关领域安全中的作用更加凸显。我们要加快提升自主创新能力，壮大科技实力，维护科技自身安全。同时，要充分应用科技实力，保障国家主权、安全、发展利益，在更大范围、更高水平上发挥科技创新对国家安全的支撑保障作用。

为维护和塑造国家安全提供强大科技支撑。习近平总书记强调：

[①] 《习近平著作选读》第2卷，人民出版社2023年版，第246页。

"提高运用科学技术维护国家安全的能力，不断增强塑造国家安全态势的能力。"① 加快建设科技强国，必须统筹发展和安全，坚定不移实施创新驱动发展战略，加快提升创新能力和科技实力，全面增强科技维护和塑造国家总体安全的能力。增强科技支撑国家安全的体系化能力，一要聚焦重大需求突破关键核心技术，牢牢把握发展和安全的主动权。关键核心技术是整体国家安全观的根基。只有把关键核心技术掌握在自己手中，才能提振士气、铸牢底气、凝聚人气，全面建设社会主义现代化国家才有更加安全、更为可靠的基础。真正的关键核心技术是要不进、买不来、讨不来的。习近平总书记指出："如果核心元器件严重依赖外国，供应链的'命门'掌握在别人手里，那就好比在别人的墙基上砌房子，再大再漂亮也可能经不起风雨，甚至会不堪一击。"② 新中国成立后，面对帝国主义的核威胁、核讹诈，我们发挥科技攻关的举国体制优势，在党中央的统一领导下，调动全国资源，依靠"大协作"，独立自主成功研制出"两弹一星"，增强了国家实力，维护了国家安全。实践充分证明，维护国家安全绝不能在关键核心技术领域受制于人。当前，世界经济下行态势显现，全球产业链供应链面临重塑，不稳定性不确定性明显增加，关键核心技术已经成为在技术上、经济上影响国家安全的关键节点。面对错综复杂的国际环境，必须加快关键核心技术攻关，赢得科技创新的主动，不断增强抗压能力、应变能力、对冲能力和反制能力。二要加强基础和前沿领域前瞻布局，为国家持久安全提供不竭动力。我国已跻身创新型国家前列、建设世界科技强国的新阶段。站在新的历史方位上，要以更高的目标、更长远的眼光，对科技创新进行前瞻谋划和系统部署。加强学科布局和体系建设，全面夯实基础学科，补足冷门、薄弱学科短板，推动学科交叉融合。加强"从0到1"的基础研究，加大基础研究稳定支持力度，推动

---

① 《习近平谈治国理政》第4卷，外文出版社2022年版，第391页。
② 习近平：《论科技自立自强》，中央文献出版社2023年版，第124页。

自由探索的基础研究和目标导向的基础研究有机衔接。加强人工智能、脑科学、量子通信等面向长远发展的科技创新重大项目的部署和实施，推动颠覆性技术创新，形成引领经济社会发展和保障国家安全的动力源泉。三要完善国家创新体系，夯实维护国家安全的科技能力基础。国家创新体系是决定科技发展水平的基础。加强科技创新，保障科技安全，必须构建系统、完备、高效的国家创新体系。强化国家战略科技力量，在重大创新领域布局建设国家实验室。深化科研事业单位改革，强化国家使命和创新绩效导向，扩大科研自主权。建设世界一流大学，系统提升高校人才培养、学科建设和科研开发三位一体的创新水平。强化企业技术创新主体地位，通过完善市场环境、加大财税金融政策支持，引导企业加大研发投入，培育壮大一批创新型领军企业。完善科技人才发现、培养、使用和激励机制，激发科技人才创新创业活力。坚持全球视野，加强国际合作，合力解决人类共同面临的粮食危机、气候变化、公共卫生等重大挑战，协力打造人类命运共同体。

第二章

探索历程：我们党在各个历史时期都高度重视科技事业

科技是国家强盛之基，中国共产党始终高度重视科技事业。新中国成立后，我国科技事业走过了辉煌的历程，取得了从"一穷二白"到"两弹一星"再到各类"大国重器"的科技成就，实现了从科技弱国到科技大国再到科技强国的重大跨越。尤其是党的十八大以来，以习近平同志为核心的党中央准确把握世界科技创新发展大势，立足我国新发展阶段的特征，坚持中国特色自主创新道路，强调创新是引领发展的第一动力，将科技自立自强作为国家发展的战略支撑，重视程度之高、政策密度之大、推动力度之强前所未有。一路筚路蓝缕，我们的科技事业从战争的废墟上出发；一路披荆斩棘，我们的科技事业走出了中国特色科技强国之路；一路高歌猛进，我们的科技事业为中华民族迎来从站起来、富起来到强起来的伟大飞跃提供了坚实有力支撑。

一、开启科技强国建设的初步探索

新中国成立初期，国家的发展建立在战争的废墟上，科技力量较为薄弱，科技事业面临百废待兴、亟待发展的局面。在这样一穷二白的艰苦条件下，我们党意识到"科学技术这一仗，一定要打，而且必须打好"[①]，发出了"向科学进军"的伟大号召，以高瞻远瞩的战略眼光，建立科技管理体制、推进国防科技建设、制定科技发展规划，开启了科技强国建设的初步探索。

（一）以集中统一为基本原则构建国家科技管理体制

科技管理体制简称科技体制，是科技活动的组织结构、管理体系

---

① 《毛泽东文集》第8卷，人民出版社1999年版，第351页。

和制度的总称。新中国的科技管理体制是中国共产党在不断学习、探索、调整的过程中逐步建立起来的,其间经历了一个发展、变化的过程。通过不断探索,党和政府初步构建了新中国的科技体制,为新中国科技事业发展奠定了坚实的基础。

新中国成立初期,我国面临复杂而严峻的国内外形势:对外,以美国为首的西方资本主义国家对我国实行禁运和经济封锁,各项建设遭到西方的阻挠;对内,国民经济恢复和社会主义改造迫在眉睫,国家工业基础薄弱、近乎从零开始。在如此极端困难的情况下,中国共产党已经认识到,想要恢复和发展经济、开始大规模的社会主义建设,必须快速筹建一支宏大的科学技术队伍。早期,受"一边倒"的外交政策影响,苏联的科技管理体制对我国科技管理体制的形成有较大影响,我国通过模仿苏联初步建立形成了科学研究和管理体系。1949年,《中国人民政治协商会议共同纲领》对建设"中国科学院"的若干事项予以明确规定,在政务院之下设立的科学院于11月1日正式成立。在成立之初,科学院就被赋予了管理全国科学研究事业的行政管理和学术研究中心的双重职能。之后,中国科学院通过建立专门委员制度、专业工作委员会和学部制度,逐渐确立了在新中国科学事业中的学术领导地位。与此同时,各地方人民政府根据本地区实际情况迅速恢复、调整和建立了当地的研究机构:东北地区组建了东北科学研究院;浙江省成立了省农科所、黄岩柑橘试验场、省海洋水产实验所和省淡水水产研究所等研究机构;河南省建立了洛阳、新乡地区农科所和省水利科学研究所;陕西省建立了省农林科学院等研究机构。到1956年,全国共有地方科研机构239个,研究人员4000余人,分别占全国总数的58%和21%。[①]另外,面对我国教育体系对科技事业支撑不足的情况,我们党高度重视教育事业的发展,中央人民政府立足"以培养工业建

---

① 中华人民共和国科技部:《中国科技发展70年》,科学技术文献出版社2019年版,第6页。

设人才和师资为重点，发展专门学院，整顿和加强综合性大学"的方针，对全国高等院校及所属院系进行大规模调整。总而言之，在科研体系方面，我国快速建立起包括中国科学院、高等院校、产业部门研发机构、地方科研机构和国防科研体系在内的"五路大军"。

1950年8月，中华全国自然科学工作者代表会议决定成立中华全国自然科学专门学会联合会（简称全国科联）和中华全国科学技术普及协会（简称全国科普协会）两个组织，并选举产生了两个组织的全国委员会及常务委员会。全国科联自成立之时起就致力于推动各个专门学会的组织建设与发展工作。据统计，到1955年底，全国科联从1950年成立时的19个学会、3个科联分会、学会会员1.7万人发展为25个学会（此外还有9个筹备中的学会）、24个科联分会、学会会员5.7万余人。除组织建设外，全国科联还负责指导各专门学会开展各项业务活动，组织各专门学会根据国家建设需要开展学术交流活动，并根据国家有关任务安排开展相关活动。由此可见，全国科联和全国科普协会为党和政府对科技进行领导和统筹打下了良好的"群众基础"。值得一提的是，为了加强对全国科学工作的领导，在中国科学院成立之初，中共中央宣传部科学（卫生）处和政务院文化教育委员会作为党、政机构即担负起对中国科学院的领导工作。意即，通过这两个交叉机构领导中国科学院，中国科学院再领导全国的科学工作，由此建立了党和政府对全国科学事业的领导体制。总而言之，在科研领导体制方面，形成了以中共中央宣传部科学（卫生）处和政务院文化教育委员会为主要机关，以中国科学院为领导中心，以全国科联为联合组织的基本完善的科技领导体制。

1956年，党中央发出"向科学进军"的伟大号召。1956年3月，国务院成立了科学规划委员会，负责全国科学技术发展远景规划的制定工作。为加强对全国科学技术工作的领导，1956年6月，国务院又批准成立了国家技术委员会，作为组织全国技术工作的职能部门。此后，随着科学技术事业的不断发展，需要解决的问题越来越多，国家技术委员会作为科学技术工作的领导机构已经不能适应形势的需要。1958年11月，全国人民代表大会常务委员会举行第102次会议，决定将国家技术委员会和国务院科学规划委员会合并为国家科学技术委员会（简称国家科委）。国家科委成立后，中国科学院加强了"学术领导核心"的作用，而淡化了"领导全国科学研究中心"的职能，为统一领导全国科技事业奠定了组织上的保证。之后，各省、市、自治区相继建立了地方科学技术委员会，作为地方政府管理本地区科学技术的综合职能部门，这就实现了对全国科学事业的第一次彻底的集中统一领导，高度集中的计划式科技管理体制就此形成。正如聂荣臻所言，"我国统一的科学研究工作系统，是由中国科学院、高等学校、中央各产业部门的研究机构和地方研究机构四个方面组成的。在这个系统中，中国科学院是全国学术领导和重点研究的中心，高等学校、中央各产业部门的研究机构（包括厂矿实验室）和地方所属的研究机构则是我国科学研究的广阔的基地"[1]，通过构建集中统一的科学管理体制，全国的科学技术研究力量开始按照合理的分工的原则，有计划而又密切协作地进行工作。[2]

在不断探索的过程中，中国共产党逐渐具备了整合和配置各类资源的能力和顶层设计能力，为科技事业发展奠定了良好的物质基础、体制基础和制度基础。

（二）以举国体制为重要依托推进国防尖端技术突破

在社会主义革命和建设时期，面对科技资源匮乏和工业基础薄弱等问题，党中央明确以重工业和国防科技为重点的科技思路，集中力量推进各项科技实践活动，探索形成了以举国体制推进科技事业的实

---

[1] 《建国以来重要文献选编》第10册，中央文献出版社1994年版，第414页。
[2] 钱斌：《新中国科技管理体制的形成》，《当代中国史研究》2010年第3期。

践形态。

"兵者，国之大事，死生之地，存亡之道，不可不察也。"1949年9月21日，毛泽东在第一届政协会议发出了建设强大国防的号召："我们的人民武装力量必须保存和发展起来。我们将不但有一个强大的陆军，而且有一个强大的空军和一个强大的海军。"[①]因此，加快建设国防工业，推进国防科技创新，打造一支武器装备精良的人民解放军，成为摆在新中国面前的一项十分紧迫而又艰巨的任务。1952年起，我国与苏联签订了包括援助国防工业建设的系列协议，按照协议规定，苏联向中国建设的66个大型军工企业和8个科研院所提供援助，同时对我国几十个军工企业进行改扩建等技术改造。随着苏联援建项目的展开和抗美援朝战争的急迫需要，中共中央政治局扩大会议决定，集中力量建设重工业、国防工业和其他相应的基础工业。1953年1月，毛泽东明确指出："为了保卫祖国免受帝国主义者的侵略，依靠我们过去和较为落后的国内敌人作战的装备和战术是不够的了，我们必须掌握最新的装备和随之而来的最新的战术。我们必须向苏联的军事科学学习，以便迅速把我军提高到足以在现代化的战争中取胜的水平。"[②]之后，国防工业"一五"建设计划启动。"一五"期间，我国新建航空、无线电、兵器、造船等大型骨干工程4项，改建扩建老厂的大中型工程51项，完成了制式武器的试制生产和飞机、坦克、舰艇的修理及部分制造任务。这一时期，我国国防科技体系在十分薄弱的国防科技基础上，经过艰苦探索和奋斗，初步形成以仿制常规武器为主的国防科技体系，并开创了尖端武器的研制工作。

面对帝国主义持续的核威胁和核垄断，毛泽东指出，"不但要有更多的飞机和大炮，而且还要有原子弹"[③]。中国共产党从维护国家安

---

① 《毛泽东军事文集》第6卷，军事科学出版社、中央文献出版社1993年版，第4页。
② 《毛泽东军事文集》第6卷，军事科学出版社、中央文献出版社1993年版，第337页。
③ 《毛泽东军事文集》第6卷，军事科学出版社、中央文献出版社1993年版，第365页。

全、提升中国国际地位的战略目标出发，开始超前谋划核武器的研发。1955年，中共中央作出建立和发展导弹事业的决定，成立了以聂荣臻为主任的国防部航空工业委员会，组建了导弹科研、设计和生产机构。1956年4月23日，中共中央发出《关于抽调干部和工人参加原子能建设工作的通知》，中国正式进入了核工业建设和研制核武器的新阶段。同年12月20日，科学规划委员会呈报《1956—1967年科学技术发展远景规划纲要（修正草案）》，将原子核物理、原子核工程及同位素的应用，列为国家工业化、国防现代化建设迫切需要的、关键性的问题之一。1958年10月，中共中央批准成立国防科委，主要任务是对军内外有关国防科学技术研究工作的组织领导、规划协调、监督检查，重点研究发展以原子弹和导弹为主的尖端技术，尤其是与世界军事科技发展同步，形成了对未来长远发展具有奠基石意义的坚实技术基础和科研力量。发展尖端武器装备的计划在早期也得到了苏联的大力支持，然而，正当我国的国防科技事业顺利向前发展时，苏联政府将与我国签订的技术协定全面撕毁，停止援助，给我国国防科技特别是尖端技术的发展造成了严重困难。在这种情况下，中共中央采取了一系列重大措施，坚持"独立自主、自力更生"发展现代国防科技。一方面，拧成"一股绳"，集中必要的人力、物力、财力，组织全国大协同，把各方面的技术力量组织起来。另一方面，全国"一盘棋"，从产品设计、试制、生产到原材料的供应都立足国内，逐项安排落实新材料、新设备的研制生产，分工负责，共同完成科研任务。在这一过程中，国防科研部门、中国科学院、工业部门、高等院校和地方科研部门五个方面的技术力量组成全国规模的协作网，充分发挥各自优势。最终，在各有关部门相互配合下，我国取得了以"两弹一星"为代表的一系列重大国防尖端技术成果。1964年10月16日15时，我国第一颗原子弹在新疆罗布泊核试验基地试验爆炸成功。1965年11月起，我国自主研制改型的中近程地对地导弹在西北综合导弹试验基地连续进行多次飞行试验，均获成功。1967年6月，中国第一颗氢弹空爆试验成功，进一步打破了超级大国的核垄断。1970年4月，"长征一号"运载火箭载着"东方红一号"卫星腾空而起，实现我国航天技术发展的良好开端。

（三）以规划计划为主要手段组织大规模科研活动

1956年1月，中共中央召开关于知识分子问题的会议，对现代科学技术的特点和在社会主义建设中的重要地位与作用进行了深刻分析。周恩来在报告中指出："在社会主义时代，比以前任何时代都更加需要充分地提高生产技术，更加需要充分地发展科学和利用科学知识。""只有掌握了最先进的科学，我们才能有巩固的国防，才能有强大的先进的经济力量，才能有充分的条件同苏联和其他人民民主国家一起，无论在和平的竞赛中或者在敌人所发动的侵略战争中，战胜帝国主义国家。"[①]毛泽东在会议最后一天，号召中国共产党人努力学习科学知识，为迅速赶上世界科学先进水平而奋斗。"向科学进军"的伟大号召，极大地调动了广大科技人员的积极性，掀起了学科学、用科学的高潮。

在"向科学进军"和大力发展科学技术事业的号召下，我国把制定长期、综合的科技发展规划作为我国社会主义经济建设的重要手段。1956年1月，毛泽东指出："我国人民应该有一个远大的规划，要在几十年内，努力改变我国在经济上和科学文化上的落后状况，迅速达到世界上的先进水平。"[②]几天以后，周恩来又在第二届第二次全国政协会议上阐述了制定十二年科学技术远景规划的指导思想：这个远景规划的出发点是，按照需要与可能，把世界科学最先进的成就尽可能迅速地介绍到我国来，把我国科学技术事业方面最短缺而又急需的门类尽可能迅速地补足起来，根据世界已有的成就来安排和规划我国的科

---

① 《建国以来重要文献选编》第8册，中央文献出版社1994年版，第13页。
② 《毛泽东文集》第7卷，人民出版社1999年版，第2页。

学研究工作，争取在第三个五年计划期末使我国最急需的科学部门能够接近世界先进水平。[①]这一指导思想，概括起来就是"重点发展，迎头赶上"的方针。1956年1月31日，国务院召开制定《1956—1967年科学技术发展远景规划》的动员大会，经过近半年的工作，8月下旬，《1956—1967年科学技术发展远景规划纲要》(以下简称《十二年科学规划》)编制完成。规划从13个领域提出了57个项目，600多个研究课题；其中重点任务有12项，包括原子能和平利用、喷气技术等，部署了2个更重大的项目：原子能和导弹。此外，军工方面也拟定了武器装备的发展技术，并列为《十二年科学规划》的组成部分。

《十二年科学规划》是我国第一个长期科学技术发展规划，它比较全面地反映了我国社会主义建设对科学技术的需求，指出了我国科学技术的发展方向，并提出了实施规划所需的人才培训、基地建设等措施，极大地鼓舞了全国科技人员，使我国的科学技术开始走上在国家统一领导下的远景规划和近期计划相结合的发展道路。实践证明，《十二年科学规划》对于我国科学研究的发展和国民经济各部门技术水平的提高起到了重要的指导和促进作用。经过几年努力，到1962年《十二年科学规划》宣告提前5年完成，我国科学技术事业发生了根本性的变化，大体达到了国际上20世纪40年代的水平。

1963年6月，在《十二年科学规划》的基础上制定的《1963—1972年科学技术发展规划纲要》(以下简称《十年科学规划》)批准实施。《十年科学规划》是在中苏关系迅速恶化、世界和平受到拥有核武器的美苏讹诈的严重威胁的背景下制定的。为此，加强国防，掌握尖端的国防科学技术，研制核武器，打破核垄断，维护国家安全成为党和国家十分突出的战略任务。《十年科学规划》贯彻"自力更生，迎头赶上"的总方针，力求在重要的急需的方面，掌握20世纪60年代的科学技术，

---

① 《建国以来重要文献选编》第8册，中央文献出版社1994年版，第293页。

实现赶上世界先进科技水平的总目标。但随之而来的"文化大革命",使得《十年科学规划》的执行基本陷于停顿,除了国防科技在十分困难的环境下取得了较大成果以外,正常的科研秩序受到极大冲击。

实践证明,通过这种国家统一领导、远近结合的科技规划模式,并将其作为组织管理科技事业的重要手段,对我国科学研究的发展和国民经济各部门技术水平的提高起到了重要的指导和促进作用,是社会主义革命和建设时期我们能够大规模、快速发展科学技术的重要经验。

二、在改革开放中走出科技强国之路

改革开放之后,我国迎来前所未有的"科学的春天"。从"科学技术是生产力"到"科学技术是第一生产力",从"科教兴国战略"到"建设创新型国家战略",党中央把科技创新作为推动经济建设、提高社会生产力、助力实现现代化的战略支撑,在改革开放中深化科技体制改革,加强科技资源和能力建设,不断拓展国际科技合作,对建设科技强国的规律认识和重视程度日益加深。

(一)持续推进科技体制改革

长期以来,我国实行苏联式的集中型科技体制,这在早期国内科技资源极度稀缺、活动规模小、国力有限和受国际封锁的特定历史条件下是完全必要的,但随着经济体制改革的日益深化,这种高度集中型的科技体制固有的弊端逐渐显露出来,在很大程度上制约了科技自身的发展和对经济社会发展进步的重要推动作用。1978年以来,伴随改革开放的不断深入和中国特色社会主义市场经济体系的初步建立,我国开始探索以科技体制改革充分激发科技创新活力的可行方案。1978年3月,全国科学技术大会召开,邓小平提出"科学技术是生产力"等论断,从理论和意识形态上扫清了发展科技的思想障碍。从此,我国开始了科技体制改革的探索阶段：落实知识分子政策，推动科技教育界的改革；恢复高考，为科技发展和经济建设培育人才；国家增加科技投入，基本形成由中国科学院、产业部门、地方和高校科研机构、国防科研机构和企业科研机构六大系统组成的科研体系；发挥专家作用，建立技术责任制，实行党委领导下的所长负责制；科研人员"下海"办企业，探索通过创业实现科技成果转化与产业化的路子等，都成为这个阶段的改革实践。

1985年3月，《中共中央关于科学技术体制改革的决定》出台，标志着科技体制改革由1978年以来科技界自发进行的探索试点阶段进入有领导、有步骤、有组织全面展开的阶段。改革的根本目的是"使科学技术成果迅速地广泛地应用于生产，使科学技术人员的作用得到充分发挥，大大解放科学技术生产力，促进科技和社会的发展"，核心是确立科技成果商品化的思想，革除原有体制下科技与经济脱节的弊端，促进科技与经济的结合，进而解放和发展科技生产力。这一时期，我国的科技体制改革主要围绕高校和科研院所，改革的重点放在微观层面调整和理顺管理机构和科研机构的关系问题上，改革的主要思路是通过引入竞争机制和扩大市场调节来替代单纯依靠行政手段的运行机制。

1996年，国务院发布了《关于"九五"期间深化科学技术体制改革的决定》，把科研机构改革确立为整个科技体制改革的关键，以独立科研机构特别是中央部门直属科研机构的改革为重点，全面启动科技系统的组织结构调整和人才分流，在建立新型科技体制方面取得实质性进展。这一时期深化改革的任务大多与科技系统的结构调整有关，"结构重组、人员分流"是这一时期深化改革的重要特点。这一时期，尽管通过为科研机构"松绑"增强了科研机构的自主性和积极性，在推动科技成果市场化跨越方面取得了显著成就，但是一直以来，科技体系和经济体系在各自封闭的系统中发展，没有广泛的交点，科技和经济结合的问题始终没有很好解决。在这样的情况下，国家创新体系概念的引入成为我国科技体制改革的重要分水岭。建立国家创新体系框架，一是以企业为主体、产学研相结合的技术开发体系；二是以科研机构、高等学校为主的科学研究体系；三是社会化的科技服务体系。进入新世纪，随着国家科技发展战略更加强调提高自主创新能力，科技体制改革的核心也转变为国家创新体系建设，实现了由微观机制调整向宏观体系改革的重要转变。在这一时期，我国采取"稳住一头，放开一片"的方针：稳住基础研究和公益研究队伍，放开、搞活与经济建设密切相关的技术开发和技术服务机构；允许和鼓励技术、管理等生产要素参与收益分配；允许民营科技企业采用股份期权等形式，调动科技人才或经营管理人才的积极性；允许国有科研机构改组为股份制、股份合作制企业。

2006年1月，胡锦涛在全国科学技术大会上明确提出，全面推进中国特色国家创新体系建设。[①]自此，国家创新体系正式进入国家政策话语体系，科技体制改革转变为以体系建设为抓手，从过去的聚焦于科研院所改革逐渐转变为"企业本位"，由微观运行机制的改革转变为更关注宏观管理体制机制和创新体系本身的突破。为保证国家创新体系建设，《国家中长期科学和技术发展规划纲要（2006—2020年）》提出60条相关政策，从科技投入、税收激励、金融支持、政府采购、引进消化吸收再创新、创造和保护知识产权、科技人才队伍建设、教育与科普、科技创新基地与平台、统筹协调等十个方面加强对创新活动的支持，打破部门界限，形成创新政策体系，有些政策具有突破性进展。

（二）着力提高自主创新能力

对于技术水平相对落后的国家而言，学习、借鉴和引进国外先进

[①] 参见胡锦涛：《坚持走中国特色自主创新道路　为建设创新型国家而努力奋斗——在全国科学技术大会上的讲话》，人民出版社2006年版，第13页。

设备和技术是快速追赶先进国家的必然选择。根据技术溢出理论和后发优势理论，后发国家能够通过观察、学习和模仿，以较低的成本掌握发达国家花费较大成本所具备的知识和经验，从而在自身发展过程中少走弯路。[1]

改革开放以后，我国立足后发优势和比较优势，通过"以市场换技术"、大规模的成套技术引进的方式，走出了一条在引进技术的基础上加快传统产业技术改造和结构调整，并通过逐步消化吸收形成初步的生产能力和技术能力，加快缩小与先进国家的技术差距，乃至进一步创新实现赶超和技术输出的路径。在技术和智力引进方面，邓小平提出："要利用外国智力，请一些外国人来参加我们的重点建设以及各方面的建设。"[2] 这一时期，在"技贸结合""工贸结合""以市场换技术"的理念指导下，引进技术成为中国企业技术升级的一个重要途径。外资、设备以及技术的引进使中国企业更多地参与到全球分工体系当中，中国制造的工业品越来越多地出现在国际市场上。

江泽民在全国科技大会上指出："我们必须在学习、引进国外先进技术的同时，坚持不懈地着力提高国家的自主研究开发能力。"[3] 通过引进国外先进技术加快产业结构调整和经济发展，从1999年到2003年，中国引进国外技术装备总额达到75亿美元，不仅推动了国内产业结构的调整优化，更有效提高了中国经济增长的质量。然而，在大量利用国外技术资源的同时，国内企业的创新能力并没有相应提高。虽然我国产业结构的总体状况有了很大的改善，但产业的自主创新能力不足，表现在：对外技术依存度较高，在关键技术上的自给率低；引进技术的消化吸收不足，重引进轻消化吸收的状况长期存在；在专利技术与国际标准上明显落后；基础研究经费长期偏低，使得自主创新缺少应有的经费支

---

[1] 李哲：《中国的科技创新之路：经验与反思》，科学出版社2020年版，第135页。
[2] 《邓小平文选》第3卷，人民出版社1993年版，第32页。
[3] 《江泽民文选》第3卷，人民出版社2006年版，第432页。

持和发展后劲。这一时期，党和政府日益在引进、消化、吸收的基础上更加重视再创新，利用巨大的国内市场优势，扬弃"市场换技术战略"，推行"以竞争换技术战略"。国家领导人对内部开发和外部学习、引进的关系的新思考，引发了我国科技发展模式的战略转变，其核心在于我国科技发展模式要由跟踪模仿创新转变为自主创新。①

进入新世纪，我国在持续推动技术引进的同时更加重视消化吸收和再创新，着力提高自主创新能力。在发展模式上，党中央充分认识到，模仿只能缩小差距，创新才能实现超越，因此，更加重视对引进技术的消化吸收和再创新，强调摆脱比较优势的束缚，推进科技自主创新，实现跨越式发展。②为维护国家科技、经济乃至国家安全，不断改善科学技术水平低、重大装备自主能力弱、产业依附性严重的现状。在引进方式上，由关键和成套设备引进向技术许可、技术咨询与服务等"软件技术"引进为主转变。这些"软件技术"包含了技术知识、经验和技艺，有利于通过消化吸收提高技术创新能力，再结合市场需求和技术演进开展产品创新和工艺创新。以我国的高速铁路为例，作为21世纪初期走引进消化吸收再创新、以市场换技术道路的成功典范，它早已成为我国一张"靓丽的名片"。在高铁产业发展过程中，我国始终按照"引进先进技术，联合设计生产，打造中国品牌"的总体要求，强调技术引进绝非仅是购买高铁相关硬件设备，更重要的是联合设计，要求"外国合作方为国内企业提供技术服务与培训，提高国内企业设计、制造和质量管理人员的技术水平"，从而真正把制造技术背后的技术原理学到手乃至成功实现再创新和技术赶超。③

---

① 田进华、张卫东：《中国共产党百年科技强国的历史实践与基本经验》，《江汉论坛》2022年第7期。
② 徐冠华：《中国科技发展的回顾和几点建议》，《中国科学院院刊》2019年第10期。
③ 参见陈元志、谭文柱等：《创新驱动发展战略的理论与实践》，人民出版社2014年版，第172页。

在改革开放和社会主义现代化建设新时期，我国科技发展战略从过去奉行的以跟踪模仿为主要特征的渐进式发展模式，开始逐渐向以自主创新为特征的跨越式发展模式转变，我国也得以在日趋激烈的国际科技竞争中崭露头角。

（三）全面开展国际科技合作

邓小平指出，提高我国的科学技术水平，必须坚持独立自主、自力更生的方针。然而，他同时强调，独立自主不是闭关自守，自力更生不是盲目排外。我们要积极开展国际学术交流活动，加强同世界各国科学界的友好往来和合作关系。自此以后，我国实行对外开放和对内搞活的政策，开始有计划地选派科技人员出国进修、留学，广泛开展了科技领域的国际学术交流活动，加强政府间科技合作关系。

1978年，我国与西方发达国家签订了第一个政府间科技合作协议——《中华人民共和国政府和法兰西共和国政府科技合作协议》。到1985年底，我国已与世界106个国家建立了科技合作交流关系，同其中的53个国家，包括西方发达国家签订了政府间的科技合作协定或经济、工业、科技合作协定，双方开始实施科技合作与交流计划，合作形式包括科技情报和资料，互派科技代表团、科学家、考察专家、进修生和实习生，组织双边科技讨论等。

进入新世纪，我国的国际科技合作进入全面深入开展的阶段，中国不仅成为吸引世界各国投资者的重要国度，而且成为世界上科技创新关注的重点国家。2000年，我国制定了首个国际科技合作发展纲要——《"十五"期间国际科技合作发展纲要》，对我国"十五"期间的国际科技合作做出了总体部署和安排。2001年，科技部正式启动了"国际科技合作重点项目计划"，这是国家层面上第一个、也是唯一的旨在通过整合、统筹，充分利用全球科技资源，提高自主创新能力的对外国际科技合作与交流平台。2001年，为进一步推动国际科技合作，深化国际科技交流，做好国际科技合作计划的管理，科技部于当年成立了国际科技合作计划办公室，在国际科技合作司的直接领导下开展计划项目的日常管理工作。通过国际科技合作计划，政府间合作的层次和实效有了长足发展，"十五"期间共立项677项，通过集成、整合投入国际科技合作研发经费84.39亿元，约有1.5万名研究开发人员参加了国际科技合作计划。这些国际科技合作项目，为解决一系列制约我国科技、经济发展的重大战略需求和关键技术瓶颈，为优化中国经济结构、转变增长方式，为促进企业技术创新和引领带动新兴产业发展发挥了突出作用。

随着中国科技实力的不断增强，科技事业对外开放的广度和深度发生了根本性转变，国际科技合作紧密围绕建设创新型国家的总体目标，以提高自主创新能力为中心，服务于社会主义现代化建设和国家外交工作两个大局，充分发挥科技外交和政府间科技合作的独特优势和平台作用。2006年2月，国务院发布《国家中长期科学和技术发展规划纲要（2006—2020年）》后，科技部适时推出《"十一五"国际科技合作实施纲要》，明确了新时期国际科技合作工作的指导方针和主要目标。此外，国内各科技部门也围绕自己的重点任务，制定了相应的国际科技合作政策，提出国际科技合作的重点任务和优先领域。另外，我国积极参与国际重大科技计划和大科学工程，还主导并牵头了国际科技合作行动，加强了国际科技合作基地建设，官方、半官方及民间科技合作交流都取得了相当大的发展，政府之间、科研机构之间、高等学校之间、科技学术组织之间、企业之间、城市之间以及科学家个人之间的交流都很活跃，全方位、多形式、广领域、高水平的国际科技合作局面逐渐形成。在拓展合作领域、创新合作方式、提高合作成效方面取得了新进展，逐步从受援式合作发展到以我为主的国际科技合作，从比较浅层次的、以学习外国先进技术为主的合作形式，发展到世界前沿的、高水平的、实质性的合作形式。

在改革开放和社会主义现代化建设新时期，我国将发展重心转移到经济建设上，将科学技术提至"第一生产力"的地位，推动实施了一系列科技规划、计划，极大地推动了我国科技向生产力转化、科技实力伴随经济实力同步壮大。我国科技事业逐渐由乱到治、由衰到兴，进入到深入发展的阶段，实现了"科技—经济—社会"的协同，为我国经济社会的高速发展提供了重要动力和基础。

三、以高水平科技自立自强加快建设科技强国

党的十八大以来，面临新形势新挑战新任务，以习近平同志为核心的党中央形成了关于科技创新的重要论述，以高水平科技自立自强的"强劲筋骨"支撑民族复兴伟业，为新时代推进科技强国和国家现代化建设指明了发展方向。

（一）更加重视原始创新和基础研究

习近平总书记指出："加强基础研究是科技自立自强的必然要求，是我们从未知到已知、从不确定性到确定性的必然选择。"[①]"要处理好新型举国体制与市场机制的关系，健全同基础研究长周期相匹配的科技评价激励、成果应用转化、科技人员薪酬等制度，长期稳定支持一批基础研究创新基地、优势团队和重点方向，打造原始创新策源地和基础研究先锋力量。"[②] 基础研究是科技创新之源，关乎我国源头创新能力和国际科技竞争力的提升。创新能力尤其是原始创新在很大程度上决定着现代科学研究发展的水平，决定着一个国家、一个民族的核心竞争力。提升原始创新能力，打造原始创新策源地，对于我国加快建设科技强国、实现高水平科技自立自强具有重要战略意义。

---

① 《习近平著作选读》第2卷，人民出版社2023年版，第469—470页。
② 习近平：《加强基础研究　实现高水平科技自立自强》，《求是》2023年第15期。

基础研究处于从研究到应用再到生产的科研链条起始端，是整个科学体系的源头，也是所有技术问题的总机关。基础研究薄弱，原始创新能力不足，很难产生引领性、变革性、颠覆性的关键核心技术，建设科技强国就只能是无源之水、无本之木。加强基础研究，是实现高水平科技自立自强的迫切要求，是建设世界科技强国的必由之路。近年来，我国不断强化基础研究顶层设计和系统布局，在量子信息、人工智能、生物育种、脑科学等前沿基础领域部署重大攻关项目，在高等学校全面实施"强基计划"和"基础研究珠峰计划"，加强数学、物理、化学、生物等基础学科建设和人才培养，强化企业科技创新主体地位，推动企业成为基础研究重要主体，为实现高水平科技自立自强提供创新之源。面向未来，我们应充分把握当前从"基础研究大国"向"基础研究强国"过渡的重大契机：不断加大对基础研究的资助力度，加强长期稳定支持，进一步夯实科技创新的基础；不断优化科技政策，制定符合基础研究学科特点的评价考核制度，创造良好的科研环境和浓郁的学术氛围；不断优化科技人才政策，努力做好培养与使用人才问题，切实加强对青年人才的培养；不断优化基础研究支持机制，针对基础学科自身的特殊性，在拨发经费、日常管理、评判考核等方面形成特有的支持模式。

创新一般可分为原始创新、集成创新和引进消化吸收再创新这三类。原始创新是指获得前所未有的重大科学发现、创造前所未有的重大技术发明、开辟前所未有的产业新方向、实现发展理念的新跨越。原始创新具有奠基性、颠覆性和引领性，同时也有很大的不确定性。然而，原始创新一旦成功并付诸应用，就会成为新技术、新发明的先导，不仅对科技创新产生重大牵引作用，也会带来全社会乃至全世界的重大变革。党的十八大以来，我们不断完善基础研究的顶层设计和系统布局，以前所未有的力度强化原始创新能力。《国家创新驱动发展战略纲要》将强化原始创新、增强源头供给作为一项重要战略任务。2018年,《国务院关于全面加强基础科学研究的若干意见》正式出台,提出我国基础科学研究到2020年、2035年和21世纪中叶的发展目标。另外,《加强"从0到1"基础研究工作方案》出台,致力于解决我国基础研究缺少"从0到1"原创性成果的问题。目前,国家基础研究十年行动方案加快制定实施,一批重大科技基础设施集群落地生根,国际、区域科技创新中心建设蹄疾步稳,一大批重点研发计划重点专项全面启动实施。

(二)更加全面深入地推进科技体制改革

习近平总书记指出:"如果把科技创新比作我国发展的新引擎,那么改革就是点燃这个新引擎必不可少的点火系。"①党的十八大以来,以习近平同志为核心的党中央坚持科技创新和制度创新双轮驱动,对科技体制改革作出顶层设计和系统部署,搭建科技体制改革的"四梁八柱",建设中国特色国家创新体系。各地方各部门齐心协力,科技体制改革全面发力、纵深推进,重点领域和关键环节改革取得了一系列实质性突破和标志性成果,科技创新的基础性制度框架基本确立。

创新驱动发展,深化改革是根本动力。2013年9月30日,习近平总书记在十八届中央政治局第九次集体学习时指出:"实施创新驱动发展战略是一项系统工程,涉及方方面面的工作,需要做的事情很多。最为紧迫的是要进一步解放思想,加快科技体制改革步伐,破除一切束缚创新驱动发展的观念和体制机制障碍。"②科技体制深化改革的大幕,就此正式拉开。2015年,科技体制改革战略蓝图和施工图相继绘就。2015年3月,《中共中央 国务院关于深化体制机制改革加快实施创新驱动发展战略的若干意见》下发,明确指出将从8大方面30个领域着手,推动创新驱动发展战略落地。2015年9月,《深化科

---

① 《习近平关于科技创新论述摘编》,中央文献出版社2016年版,第63页。
② 《习近平关于科技创新论述摘编》,中央文献出版社2016年版,第56—57页。

技体制改革实施方案》出炉，部署了到2020年要完成10方面143项改革任务，并给出明确清晰的时间表与路线图。截至2020年底，随着143项改革任务的全面完成，2021年中央经济工作会议明确提出，科技政策要扎实落地，要实施科技体制改革三年行动方案。"三年攻坚"不求面面俱到，而是要瞄准痛点发力，充分调动各类创新主体的积极性主动性。

这一系列科技体制改革持续深化，极大释放了创新引擎的动能，助推国家创新体系整体效能显著提升。比如，针对科技计划管理条块分割、科研项目重复申报、资源配置碎片化等科技界长期为人诟病、难以破解的顽疾问题，党中央改革大刀阔斧，深化中央财政科技计划（专项、基金等）管理改革，将百余项中央财政科技计划整合成五大类，科技资源配置得到进一步优化。据科技部统计，仅2016年立项实施的1300个科研项目，与改革前相比，项目数量减少了约50%，平均资助强度增加约54%，成效很快显现。改革和完善科技评价制度的政策措施密集出台，"帽子"满天飞的现象得到遏制，"唯论文、唯帽子、唯职称、唯学历、唯奖项"倾向明显扭转，创新价值、能力、贡献正成为科技界评价标准的共识。在新的评价导向下，越来越多的科研人员潜心科研，专注于长周期、高价值的原创性研究，努力在国际前沿研究和关键核心技术攻关上取得更多重大突破。

（三）更加关注科技发展过程中的安全问题

新时代的科技安全问题在国家安全体系中的比重日益攀升，从支撑国家安全诸要素的"后台力量"或"赋能力量"逐渐走上前台，从"潜力量"演变为"显力量"，进而发展成为国家安全的独立要素，正在发展成为国家安全的核心要素。2014年4月，习近平总书记主持召开中央国家安全委员会第一次会议并发表重要讲话，把科技安全作为国家安全的重要组成部分。2022年6月，习近平总书记在湖北省武汉市考察时强调，科技自立自强是国家强盛之基、安全之要。我们必须完整、准确、全面贯彻新发展理念，深入实施创新驱动发展战略，把科技的命脉牢牢掌握在自己手中，在科技自立自强上取得更大进展，不断提升我国发展独立性、自主性、安全性，催生更多新技术新产业，开辟经济发展的新领域新赛道，形成国际竞争新优势。

党的十八大以来，我国科技发展的外部环境发生了较大变化。一方面，当今世界百年未有之大变局加速演进，围绕科技制高点的竞争空前激烈，我国科技创新的结构性短板、"卡脖子"等安全难题凸显。另一方面，美西方将科技创新"政治化""集团化"和"武器化"趋势愈加明显。国际战略竞争的重心不仅是高科技领域的竞赛，更是围绕新科技革命所塑造的新权力的争夺。科技实力深刻影响国际力量对比，科技发展问题和安全问题与世界政治经济格局演化交互影响，成为决定国家未来和竞争优势的关键。只有把我国科技发展建立在自立自强的牢固根基之上，才能增强应对外部重大风险挑战的抗压能力、应变能力、对冲能力和反制能力，以科技创新的主动赢得国家发展的主动，以自立自强的能力铸牢民族复兴的基石。

以习近平同志为核心的党中央在科技领域统筹发展和安全，辩证对待科技发展和科技安全问题，在战略上把握住我国科技事业战略主动。坚持底线思维，坚定创新自信，提升科技创新的自主、供给、支撑、引领能力，强化科技自立自强对国家发展和安全的战略支撑。新时代以来，为实现高水平科技自立自强，我国在重点领域做了大量工作。第一，加强基础研究和应用基础研究，通过解决"卡脖子"技术背后的核心科学问题，促使基础研究成果走向应用，从而提升自主创新能力。第二，加快关键核心技术攻关，努力在关键领域实现自主可控，保障产业链供应链安全，以畅通国民经济大循环，掌握发展主动权，实现依靠创新驱动的内涵型增长。第三，打好科技体制改革主动战，强化对科技工作的宏观统筹管理，全面增强科技体制改革系统性、整体性、协同性，推动科技体制改革从立框架、建制度向提升体系化能力、增强体制应变能力转变。

（四）更加强调科技的民生属性

科技创新不仅是推动国家发展的重要动力，更是改善民生、提高人民生活质量的关键手段。习近平总书记指出，"需要依靠更多更好的科技创新实现经济社会协调发展"，"需要依靠更多更好的科技创新建设天蓝、地绿、水清的美丽中国"，"需要依靠更多更好的科技创新保障国家安全"，"要想人民之所想、急人民之所急，聚焦重大疾病防控、食品药品安全、人口老龄化等重大民生问题，大幅增加公共科技供给，让人民享有更宜居的生活环境、更好的医疗卫生服务、更放心的食品药品"。[①]

进入新时代，满足人民对美好生活的向往成为科技事业的落脚点，惠民、利民、富民、改善民生成为科技创新的重要方向。新时代的科技创新，强调把以人民为中心的发展思想贯彻到科技创新活动之中，坚持问题导向、需求导向，奔着最紧急、最紧迫的问题去科技攻关，同时重视科学家的兴趣和好奇心在实现原始创新和颠覆性创新中的重要性。在以人民为中心的创新价值导向下，科技现代化事业更加关注人民需求，更加立足实际矛盾，从人民群众对美好生活的向往中发现和提出科学问题，运用自主创新回应人民之急需，实现创新与民生改善需求的直接对接；在以人民为中心的创新价值导向下，我们在强调对人的关怀的同时也强调对自然界的关怀，注重人与自然的统一，通过建设社会主义生态文明、提出绿色发展理念等注重解决生态问题，形成全面、协调、可持续的创新发展观，引导科技自主创新应处理好人与人、人与自然之间的关系；在以人民为中心的创新价值导向下，

---

① 《习近平著作选读》第1卷，人民出版社2023年版，第494、496页。

我们在以高水平科技自立自强实现自身发展的同时，着眼于全人类的发展及前途命运，使科技发展更多惠及其他国家和人民。可以说，在建设科技强国的过程中，中国共产党真正做到了发展为了人民、发展依靠人民、发展成果由人民共享。

党的十八大以来，党中央、国务院对科技创新支撑民生改善和社会发展作出系列重要部署，资源环境领域科技创新能力不断增强，生物医药科技改进民生福祉成效显著，科技创新有力支持生态文明建设和农业农村现代化。在资源开发与环境保护方面，我国环境保护、海洋探测、资源开发等领域科技创新能力水平不断提升，重大科技成果不断涌现，大气污染监测与防治、燃煤电站和工业锅炉超低排放技术、航空地球物理探测技术以及以"蛟龙"号为代表的系列深海潜水器，为打赢污染防治攻坚战和海洋强国建设等方面提供了重要科技支撑。在科技应对气候变化方面，我国积极推进应对气候变化的战略和行动，有计划分步骤实施碳达峰行动，深入推进能源革命，加强煤炭清洁高效利用，加快规划建设新型能源体系。一系列应对气候变化的科技呈现出跨越式发展的态势，在气候变化影响、适应、减缓等方面都取得了令人瞩目的进展。在生物医药与人口健康方面，科技促进人口发展和优生优育，公共卫生事业稳步提升，自主创新药特别是中医药进一步发展，医疗器械逐步实现国产化，尤其是为应对新冠病毒感染贡献了科技力量，突发传染病从被动防御逐步向主动防御转变。越来越多的创新成果被应用于医疗健康领域，为人民群众提供了更加便捷、高效、精准的健康服务。在农业农村科技成果方面，农作物种业科技创新、畜禽科技、食品加工与安全控制、农机装备和农业信息化技术创新及林业科技创新取得突出成绩，对保障我国粮食安全、实施乡村振兴战略和助力实现农业农村现代化具有重大意义。

（五）更加注重以全球视野谋划和推进科技创新

习近平总书记指出："科学技术是世界性的、时代性的，发展科学技术必须具有全球视野。"[①]"自主创新是开放环境下的创新，绝不能关起门来搞，而是要聚四海之气、借八方之力。"[②] 独立自主是科技发展的基石，它意味着在科技研发、创新和应用等方面要依靠自身的力量，形成自己的核心技术和知识产权，从而确保国家的科技安全和持续发展。而开放合作则是在独立自主的基础上，积极与其他国家和地区进行科技交流与合作，共同推动科技进步和创新。

党的十八大以来，我国开启了全面融入全球创新网络、加快建设世界科技强国的新篇章，扩大了国际科技交流合作，加强了国际化科研环境建设，形成了具有全球竞争力的开放创新生态。一方面，持续加强政府间科技合作，积极参与全球创新治理。只有深度融入全球创新网络，才能在合作互动中加强与全人类优秀文明成果的交流互鉴，在优势互补中促进创新资源的开放共享。因此，我国深入实施"一带一路"科技创新行动计划、碳中和国际科技创新合作计划、科技抗疫国际合作行动等，持续推动对外科技交流合作，为全球重大议题和科技挑战贡献中国智慧、提供中国方案。实践证明，从跟学追赶到合作并跑甚至领跑，我国国际科技创新合作不断深入，话语权、领导力明显提升。另一方面，坚持"引进来"和"走出去"并重，积极主动推进人才的对外开放。面对目前世界人才竞争格局供需矛盾突出、竞争重心上移、空间集聚加速、跨国流动高频的客观情况，党中央秉持人才是第一资源的理念，确立人才引领发展的战略导向，出台了一批引才引智的政策举措，积极为各类创新主体和创新人才搭建国际科技合

[①] 《习近平关于科技创新论述摘编》，人民出版社2016年版，第29页。

[②] 习近平：《论把握新发展阶段、贯彻新发展理念、构建新发展格局》，中央文献出版社2021年版，第276页。

作平台，促进各领域、各层级国际人才交流活动蓬勃开展。同时，积极支持科技人才走出国门，通过设立海外科教机构、交流访学、联合项目等开展高水平国际学术交流与合作。近10年，我国出国留学人数累计达321万人，人才培养的多元化、国际化水平显著提升。在此过程中，中国科学院人才队伍的国际化水平也得到稳步提高，外籍人员占全院科研人员比例达3%左右；一大批科学家在发展中国家科学院、国际科学理事会等国际组织中担任重要领导职务。中国科学院外籍院士达到128名，分别来自美国、英国、法国、德国等24个国家，为促进中外科技交流合作作出了突出贡献。

针对一些西方国家热衷于搞"小圈子"，鼓动"脱钩断链"，构筑"小院高墙"，建立"技术联盟"，妄图拉帮结伙遏制打压中国科技发展，习近平总书记强调："越是面临封锁打压，越不能搞自我封闭、自我隔绝，而是要实施更加开放包容、互惠共享的国际科技合作战略。"[①]中国科技开放的大门将会越开越大，这突出体现了习近平总书记对国际科技合作的大趋势和科学技术发展的客观规律的深刻把握，我们更加注重独立自主基础上的开放合作，在与世界各国科技的相互学习、共同借鉴中，为人类共同福祉和命运作出不可替代的关键贡献。

进入中国特色社会主义新时代，我们党在深入研判国内外发展形势的基础上进一步提出创新驱动发展战略，针对我国科技事业面临的突出问题和挑战，全面谋划科技创新工作，加快实现高水平科技自立自强，推动我国从科技大国走向科技强国。

---

① 习近平：《论把握新发展阶段、贯彻新发展理念、构建新发展格局》，中央文献出版社2021年版，第395页。

第三章

辉煌成就：我国科技事业实现了历史性、整体性、格局性重大变化

党的十八大以来，以习近平同志为核心的党中央全面分析国际科技创新竞争态势，深入研判国内外发展形势，针对我国科技事业面临的突出问题和挑战，坚持把科技创新摆在国家发展全局的核心位置，全面谋划科技创新工作。在党中央坚强领导下，在全国科技界和社会各界共同努力下，我国科技实力正在从量的积累迈向质的飞跃、从点的突破迈向系统能力提升，科技创新取得新的历史性成就，科技事业实现了历史性、整体性、格局性重大变化，向着建设世界科技强国的伟大目标坚实迈进。

一、基础研究领域取得重要进展

习近平总书记强调："加强基础研究，是实现高水平科技自立自强的迫切要求，是建设世界科技强国的必由之路。"[1] 求木之长者，必固其根本；欲流之远者，必浚其泉源。基础研究是自主创新之基，世界科技强国无一不是基础研究强国。党和国家历来重视基础研究工作，特别是党的十八大以来，以习近平同志为核心的党中央不断强化基础研究顶层设计和系统布局，持续加大基础研究投入，不但成功组织了一批重大基础研究任务、建成了一批重大科技基础设施，更是在基础前沿方向涌现出一批具有国际影响力的重大原创成果，基础研究整体实力显著加强。

（一）一批重大基础研究任务完成，为科研实力提升奠定坚实基础

重大基础研究任务是指在基础研究领域中，对于解决我国经济建

---

[1] 习近平：《加强基础研究　实现高水平科技自立自强》，《求是》2023年第15期。

第三章
辉煌成就：我国科技事业实现了历史性、整体性、格局性重大变化

设、社会发展、国家安全和科技发展中的重大科学问题具有重要意义的任务。随着世界进入大科学时代，基础研究的组织化程度越来越高，对于一些战略导向的体系化基础研究、前沿导向的探索性基础研究、市场导向的应用性基础研究而言，其难度更大、周期更长、风险更高，因此也更需要长期、稳定、持续的人力物力投入，必须通过任务牵引模式来实现重大突破。因此，能否完成基础前沿方向的重大研究任务逐渐成为衡量一个国家基础研究实力的重要标准。

为提升科学研究整体实力，我国不断强化国家战略科技力量，通过任务发布的方式，以国家基础性研究重大关键项目为依托，持续优化资源配置和布局结构，推进国家实验室、国家科研机构和高水平研究型大学等各类创新主体开展有组织科研活动。2023年，全社会研发投入超过3.3万亿元，是2012年的3.2倍，居世界第二位。与此同时，基础研究经费稳步增长，2022年全国基础研究经费2023.5亿元，大约是2012年的4.3倍，基础研究经费占比更是历史性地达到6.57%。[1] 研发人员总量达540万人，是2012年的1.7倍；中国内地入选世界高被引科学家的数量从2014年的111人，增长到2021年的935人，增长7.4倍，涌现出一批世界顶尖科技人才。[2] 正是在这样"集中力量办大事"的组织模式下，我国成功组织了一批重大基础研究任务，"嫦娥五号"实现地外天体采样返回，"天问一号"开启火星探测，"羲和号"实现太阳探测零的突破，"怀柔一号"引力波暴高能电磁对应体全天监测器卫星成功发射，"慧眼号"直接测量到迄今宇宙最强磁场，500米口径球面射电望远镜首次发现毫秒脉冲星，新一代"人造太阳"运行时间突破千秒，"雪龙2"号首航南极……

---

[1] 数据来源：国家统计局网站《2022年全国科技经费投入统计公报》。
[2] 《党的十八大以来我国科技创新量质齐升》，《科技日报》2022年3月25日。

表3.1 2012—2022年全国科技经费投入统计表

年份	2012	2013	2014	2015	2016	2017	2018	2019	2020	2021	2022
全国R&D经费（亿元）	10298.4	11846.6	13015.6	14169.9	15676.7	17606.1	19677.9	22143.6	24393.1	27956.3	30782.9
R&D经费投入强度	1.98%	2.08%	2.05%	2.07%	2.11%	2.13%	2.19%	2.23%	2.40%	2.44%	2.54%
基础研究经费（亿元）	498.8	555	613.5	716.1	822.9	975.5	1090.4	1335.6	1467.0	1817.0	2023.5
应用研究经费（亿元）	1162	1269.1	1398.5	1528.7	1610.5	1849.2	2190.9	2498.5	2757.2	3145.4	3482.5
试验发展经费（亿元）	8637.6	10022.5	11003.6	11925.1	13243.4	14781.4	16396.7	18309.5	20168.9	22995.9	25276.9
基础研究占R&D经费总支出比重	4.84%	4.68%	4.71%	5.05%	5.25%	5.54%	5.54%	6.03%	6.01%	6.50%	6.57%
基础研究经费支出环比增长率	21.10%	11.30%	10.60%	16.70%	14.90%	18.50%	11.80%	22.50%	9.80%	23.90%	11.40%

注：R&D经费为"研究与试验发展经费"的简称，指报告期为实施研究与试验发展（R&D）活动而实际发生的全部经费支出。研究与试验发展（R&D）指为增加知识存量（也包括有关人类、文化和社会的知识）以及设计已有知识的新应用而进行的创造性、系统性工作，包括基础研究、应用研究和试验发展三种类型。国际上通常采用研究与试验发展（R&D）活动的规模和强度指标反映一国的科技实力和核心竞争力。

R&D经费投入强度是指研究与试验发展（R&D）经费投入与国内生产总值之比。

数据来源：国家统计局

习近平总书记指出："基础研究是整个科学体系的源头，是所有技术问题的总机关。"[①] 历史上的科技革命都是建立在基础研究的突破之

---

① 习近平：《加强基础研究　实现高水平科技自立自强》，《求是》2023年第15期。

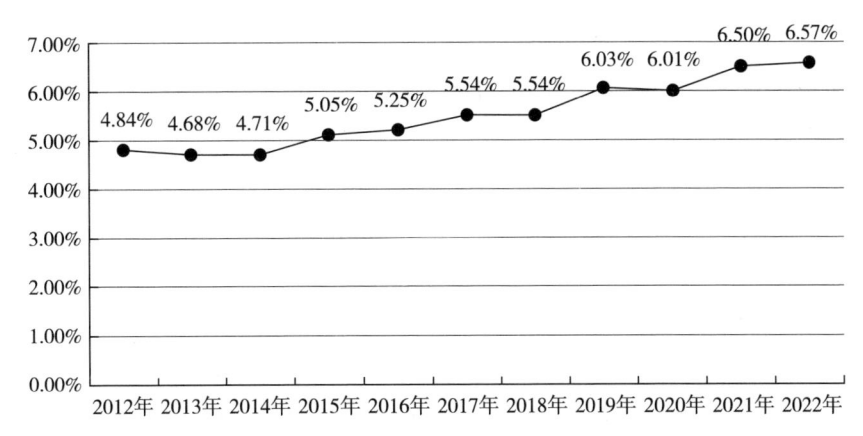

图3.1　2012—2022年基础研究经费占全国科技经费投入比重增长图

数据来源：国家统计局

上，基础研究一旦取得成果往往都是颠覆性的，将极大地改变人类对世界的认知方式，进而引起产业革命，对人类社会的发展产生巨大影响。量子计算机的研制任务是当前世界科技前沿的最大挑战之一，也是各国进行算力比拼的必争之地。作为后摩尔时代的一种新的计算范式，量子计算在原理上具有超快的并行计算能力，相比于经典计算机有望实现指数级别的加速，在核爆模拟、密码破译、材料和微纳制造等领域具有突出优势。为完成这一重大基础研究任务，我国将量子信息作为"关键技术"写入了《"十四五"数字经济发展规划》，不仅建造了世界上最大的量子信息科学国家实验室，更是专门组建研究团队展开集中攻关。2020年12月4日，中国科学技术大学潘建伟、陆朝阳等人组成的研究团队与中国科学院上海微系统所、国家并行计算机工程技术研究中心合作，构建了76个光子的量子计算原型机"九章"，实现了具有实用前景的高斯玻色取样任务的快速求解，首次在国际上实现光学体系的"量子计算优越性"。之后，我国团队进一步成功研制了66比特的"祖冲之二号"量子计算原型机与255光子的"九章三号"量子计算原型机，使我国成为唯一在光学和超导两种技术路线都达到"量子计算优越性"的国家。

随着一大批重大基础研究任务实施取得重大突破，我国重要科研主体能力不断提升，战略性创新平台体系不断完善，战略性资源空间布局不断优化，推动我国科学研究整体实力显著加强。

（二）一批重大科技基础设施建成，为前沿领域突破提供物质保障

重大科技基础设施是为探索未知世界、发现自然规律、实现技术变革提供极限研究手段的大型复杂科学研究系统，是突破科学前沿、解决经济社会发展和国家安全重大科技问题的物质技术基础。[①] 长期以来，欧盟、美国、日本等主要发达国家和新兴经济体都高度重视重大科技基础设施的建设与发展，将其视作科技实力的重要标志。随着现代科学研究在微观、宏观、复杂性等方面不断深入，学科分化与交叉融合不断加快，越来越多的研究活动需要大型研究设施的支撑，也对科技基础设施的单体规模和技术性能提出了越来越高的要求。

我国的重大科技基础设施建设起步于20世纪60年代，走过了从无到有、从小到大、从跟踪模仿到自主创新的艰难历程。[②] 进入新时代，以习近平同志为核心的党中央高度重视重大科技基础设施建设，对重大科技基础设施进行了前瞻部署和系统布局，投入力度持续加大，中国重大科技基础设施建设迎来实现历史性跨越的快速发展期。在国家发展改革委的规划组织和投资支持下，我国于"十二五"期间启动建设了高海拔宇宙线观测站、高效低碳燃气轮机试验装置等15项重大科技基础设施，于"十三五"期间启动建设了高能同步辐射光源、硬X射线自由电子激光装置等9项设施，而"十四五"期间所布局建设的重大科技基础设施更是在数量和质量上实现了新的跃升。截至2022年

---

① 《国家重大科技基础设施建设中长期规划（2012—2030年）》，中国政府网，2013年2月23日。
② 王贻芳：《中国重大科技基础设施的现状和未来发展》，《科技导报》2023年第4期。

第三章
辉煌成就：我国科技事业实现了历史性、整体性、格局性重大变化

9月，我国已布局建设77个重大科技基础设施[①]，"中国天眼"、全超导托卡马克、散裂中子源等大科学装置处于国际先进水平，为前沿科学研究探索、产业关键技术开发提供了极限研究手段。重大科技基础设施为基础研究的深入开展提供了重要的物质保障，推动中国粒子物理、凝聚态物理、天文、空间科学、生命科学等领域部分前沿方向的科研水平迅速进入国际先进行列。

习近平总书记指出："天文学是孕育重大原创发现的前沿科学，也是推动科技进步和创新的战略制高点。"[②] 快速射电暴起源是当今天体物理领域最前沿的科学问题之一，然而，由于快速射电暴发生时间相当短暂，人们往往来不及确定它们发生的地点，所观测和记录的快速射电暴数量也十分有限。"慧眼"硬X射线调制望远镜卫星是我国第一个空间天文卫星，是既可以实现宽波段、大视场X射线巡天又能够研究黑洞、中子星等高能天体的短时标光变和宽波段能谱的空间X射线天文望远镜，同时也是具有高灵敏度的伽马射线暴全天监视仪。500米口径球面射电望远镜被誉为"中国天眼"，是具有我国自主知识产权、世界最大单口径、最灵敏的射电望远镜。中国科学家利用"慧眼"卫星精准定位了快速射电暴对应的X射线天体，利用"中国天眼"第一次捕捉到了快速射电暴多样化的偏振信息，揭示了快速射电暴的来源和辐射机制之谜。可以说，"慧眼"和"中国天眼"的建成使用，使我国在高能天体物理观测领域具备了一双独特的"锐眼"，对我国在科学前沿实现重大原创突破、加快创新驱动发展具有重要意义。

在国家有关部门的统一部署下，中国重大科技基础设施布局逐步完善、运行更加高效、产出更加丰硕，对促进中国科学技术事业发展

[①] 2022年9月26日，国家发展改革委重大基础设施建设专题新闻发布会发布："我国已经建成体系较为完备的重大科技基础设施，布局建设的77个国家重大科技基础设施中，32个已建成运行，部分设施迈入全球第一方阵。"

[②] 《习近平致信祝贺我国五百米口径球面射电望远镜落成启用》，《人民日报》2016年9月26日。

起到了巨大的支撑作用，为解决国家发展中遇到的关键瓶颈问题作出了突出贡献，我国在依托设施的基础上在许多前沿科技领域都实现了重大突破。

（三）一批重大原创成果持续涌现，为赢得发展主动优势注入强劲动能

重大原创成果是指在科学、技术、文化等领域内，具有高度创新性和实用性的成果。这些成果通常是通过深入研究或创新性思考而得出的新理论、新技术、新方法或新产品，具有显著的经济价值和社会影响力。重大原创成果不仅是科技发展的标志，更是国家实力的象征。当前，新一轮科技革命和产业变革深入发展，学科交叉融合不断推进，科学研究范式发生深刻变革，科学技术和经济社会发展加速渗透融合，基础研究转化周期明显缩短，国际科技竞争向基础前沿前移。纵观世界，各国政府都高度重视科技创新和成果转化，为此投入大量经费和人力，以期为本国赢得国际竞争优势、掌握发展主动权注入强劲动能。

基础研究是应用研究和重大创新的源头，也是形成颠覆性创新成果的原始动力。作为从研究到应用、再到生产的科研链条起始端，基础研究的主要目的是拓展人类认识自然的边界、开辟新的认知疆域，帮助人们发现新现象、探知新原理、形成新思想、获得新知识，使人类更能深刻地认识到事物的根本规律和底层逻辑。

基础研究成果是公共品，具有广泛的扩散效应和放大作用。尽管基础研究不提供新产品、新工艺和解决技术问题的具体方案，但基础研究的效益并不只限于某一领域的应用研究和产品开发，其重要价值更在于能以不可预知的方式催生新产业生态系统。据美国国家科学基金会公布的信息，当今世界上60个最具影响力的技术发明，早期都曾接受过其资助，其中包括互联网、3D打印、现代药物、量子计算机、移动通信、气象卫星、全球定位系统、数码相机和人类基因组知识等。

第三章
辉煌成就：我国科技事业实现了历史性、整体性、格局性重大变化

由此可见，基础研究是重大技术创新的重要基础，基础研究领域的重大原创成果经过长期演进，往往可以形成新产业甚至改变世界。

习近平总书记指出，"我国拥有数量众多的科技工作者、规模庞大的研发投入，关键是要改善科技创新生态，激发创新创造活力，给广大科学家和科技工作者搭建施展才华的舞台，让科技创新成果源源不断涌现出来"[1]。党的十八大以来，以习近平同志为核心的党中央把提升原始创新能力摆在更加突出的位置，瞄准科技关键前沿领域，科学布局、久久为功，在量子技术、集成电路、人工智能、生物医药、新能源等领域，取得一批重大原创成果。一方面，面向科学前沿，涌现出量子反常霍尔效应、纳米限域催化、三重简并费米子、星地千公里级量子纠缠和密钥分发及隐形传态、体细胞克隆猕猴、人工合成单条染色体酵母等重大原创成果；另一方面，面向国家重大需求，取得了煤基合成气一步法、异构融合类脑计算芯片、高性能碳基CMOS集成电路、新冠病毒全基因组测序和蛋白结构解析、干细胞治疗脊髓损伤、人口出生缺陷无损基因筛查等重要应用基础研究成果。综合来看，我国科技实力跃升，在全球创新版图的影响力显著增强。据统计，我国引用排名前千分之一的世界热点论文占全球总量的41.7%，高被引论文占27.3%[2]，高质量基础研究不断产出，为人类科技发展作出了重要贡献。

进入新时代，我国高质量基础研究成果接连涌现，培育发展新质生产力动能强劲。中国不但是国际前沿创新的重要参与者，更逐渐成为共同解决全球性问题的重要贡献者。

---

[1] 习近平：《面向世界科技前沿 面向经济主战场 面向国家重大需求 面向人民生命健康 不断向科学技术广度和深度进军》，《人民日报》2020年9月12日。

[2] 窦贤康：《推动基础研究高质量发展 为建设世界科技强国夯实根基》，《红旗文稿》2023年第20期。

二、战略高技术取得新跨越

战略高技术,就是与国家战略需求紧密契合,能够服务于国家战略需求、国防和军队建设的高技术。[1] 它既具有战略性,能够影响全局和引领未来,又具有前沿性,具有知识、人才、资金和信息密集的特点,能够体现当代最高科技水平。纵观历史发展,战略高技术研究始终是国家核心竞争力提升的有效支撑。习近平总书记强调:"要把强化基础前沿研究、战略高技术研究和社会公益技术研究作为重大基础工程来抓,增强预见性和前瞻性,提高原始创新水平。"[2] 党的十八大以来,通过加强创新投入和布局,创新链对产业链的支撑作用明显增强,我国战略高技术领域不断取得新跨越,为我国科技现代化事业的历史性成就与历史性变革写下了浓墨重彩的一笔。

(一)聚焦世界科技前沿,全面抢占科技竞争制高点

习近平总书记强调,"我们国家进入科技发展第一方阵要靠创新,一味跟跑是行不通的,必须加快科技自立自强步伐"[3]。当前,新一轮科技革命和产业变革突飞猛进,科技创新广度显著加大、科技创新深度显著加深、科技创新速度显著加快、科技创新精度显著加强,科技创新成为国际战略博弈的主要战场,围绕科技制高点的竞争空前激烈。科技制高点通常是指前沿领域的最高点、创新链条上的关键点、创新体系中的控制点,它不是宽泛的学科领域,而是目标任务非常明确具体的定向性科学和技术难题,具有引领带动性强、攻坚难度大、任务目标聚焦等特征。党的十八大以来,我们聚焦世界科技前沿,"在深海、

---

[1] 杨培宇:《战略高技术的内涵、特征及其发展路径》,《装备学院学报》2017年第3期。
[2] 《习近平关于科技创新论述摘编》,中央文献出版社2016年版,第58页。
[3] 《习近平在福建考察时强调 在服务和融入新发展格局上展现更大作为 奋力谱写全面建设社会主义现代化国家福建篇章》,《人民日报》2021年3月26日。

第三章
辉煌成就：我国科技事业实现了历史性、整体性、格局性重大变化

深空、深地、深蓝等领域积极抢占科技制高点"[1]，在关系党和国家工作全局的战略高技术领域取得了一系列令人振奋的辉煌成就。

一是开发海洋潜力，积极抢占深海领域科技制高点。浩瀚的海洋，拥有数不胜数的宝藏，驱动着人类孜孜不倦地探索，其中，深邃的海底世界更是充满了神秘与未知。习近平总书记高瞻远瞩地指出："深海蕴藏着地球上远未认知和开发的宝藏，但要得到这些宝藏，就必须在深海进入、深海探测、深海开发方面掌握关键技术。"[2]党的十八大以来，我国海洋事业迎来了从未有过的发展良机。我国海洋科技不断向深海挺进：国家重点研发计划"深海关键技术与装备"重点专项启动实施；"蛟龙"号成功完成七大海区超过150次的下潜；"潜龙""海龙""海燕"等系列潜器和水下航行器，以及4000米深海拖曳勘探系统等一大批深海观测和探测装备取得突破；深海空间站重大工程开展论证设计；自主研发的深冰芯钻机完成了南极大陆冰盖海拔最高点的多次钻探；自主研发的作业型全海深自主遥控水下机器人"海斗一号"成功实现万米下潜和科考应用；"奋斗者"号载人潜水器成功坐底地球"第四极"马里亚纳海沟万米海底。在建设海洋强国的战略引领下，在人类向深海进军的历史进程中，我们不断推动深海科技向国际先进水平迈进，为中华民族伟大复兴贡献深海力量。

二是奔赴广袤星辰，积极抢占深空领域科技制高点。深空探测旨在探索宇宙奥秘、搜寻地外生命、获得新知识，它既是国家高技术科技竞争力的标志，又是国家战略权益保障的需要，还是激发公众的民族自豪感和科学热情的重要途径。[3]习近平总书记高度重视我国对于深

---

[1] 习近平：《在中国科学院第二十次院士大会、中国工程院第十五次院士大会、中国科协第十次全国代表大会上的讲话》，《人民日报》2021年5月29日。
[2] 习近平：《为建设世界科技强国而奋斗》，《人民日报》2016年6月1日。
[3] 潘永信、王赤：《国家深空探测战略可持续发展需求：行星科学研究》，《中国科学基金》2021年第2期。

空领域的自主探索，指出"人类探索太空的步伐永无止境"[①]，强调"探索浩瀚宇宙，发展航天事业，建设航天强国，是我们不懈追求的航天梦"[②]。党的十八大以来，在习近平新时代中国特色社会主义思想的指引下，在党中央、国务院、中央军委的坚强领导下，我国航天事业取得了历史性成就、实现了跨越式发展：北斗卫星导航系统全面开通，进入组网新时代；载人航天取得"天宫""神舟""长征"等系列重要成果；探月工程"绕、落、回"三步走圆满收官；"羲和号"卫星成功发射标志着我国正式迈入"探日"时代。总而言之，航天强国建设迈出了坚实步伐，为经济建设、国家安全、科技进步、社会发展作出了重要贡献。

三是打通山川天险，积极抢占深地领域科技制高点。地球深部为人类生存发展提供了绝大部分的资源和能源，深地科学是理解深部地球行为和解决人类能源、资源和生存空间问题的一把"金钥匙"。2016年5月，习近平总书记在全国科技创新大会上指出，"向地球深部进军是我们必须解决的战略科技问题"[③]。进入新时代，我国在深地领域不断加强原创性、引领性科技攻关，强化自主装备制造研发，取得一系列新成就："深地一号"跃进3-3井向亚洲最深井纪录9472米挺进；世界最强流（束流强度2毫安）深地核天体物理加速器成功出束；科学家在中国大陆深部结构和演化等领域已取得系列创新成果，研究水平处于国际前列。从超深层涌出的滚滚油气到获取地球深部的信息技术，我国在地球深部探索上正不断取得新突破。

面向世界科技前沿，唯有全面进行战略布局，肩负起使命担当，

---

① 《习近平致电代表党中央、国务院和中央军委祝贺探月工程嫦娥五号任务取得圆满成功》，《人民日报》2020年12月17日。
② 习近平：《坚持创新驱动发展勇攀科技高峰　谱写中国航天事业新篇章》，《人民日报》2016年4月25日。
③ 习近平：《为建设世界科技强国而奋斗》，《人民日报》2016年6月1日。

勇闯科技创新"无人区"，才能抢占科技竞争和未来发展制高点，续写国泰民安的精彩篇章。

（二）聚焦解决瓶颈制约，打赢关键核心技术攻坚战

习近平总书记指出，"关键核心技术是国之重器，对推动我国经济高质量发展、保障国家安全都具有十分重要的意义，必须切实提高我国关键核心技术创新能力，把科技发展主动权牢牢掌握在自己手里，为我国发展提供有力科技保障"[1]。作为一个国家的核心能力和命脉所在，关键核心技术是需要长期研究开发且具有关键性与独特性的技术体系，对于我国经济社会发展和国家安全等具有极端战略重要性。

关键核心技术是要不来、买不来、讨不来的，关键核心技术受制于人是一个国家最大的命门隐患。进入21世纪，国际形势风云变幻，科技发展外部环境更趋复杂严峻，我国在部分技术领域遭遇了"卡脖子"困境，严重危害国家总体安全、产业链供应链安全及其他下游关键核心技术的再突破能力。2018年，《科技日报》在一系列"卡脖子"报道中罗列了制约我国工业发展的35项"卡脖子"技术，直面中国制造的伤心一面。然而，任何一项已知的技术，要卡都是卡不住的。破解"卡脖子"难题，事关"抢占事关长远和全局的科技战略制高点"，事关"从根本上保障我国产业安全、经济安全、国家安全"，既是把握新发展阶段，贯彻新发展理念，构建新发展格局的重大举措，也是积极应对新一轮科技革命和产业变革以及防范化解重大风险的先手棋。习近平总书记指出，"要加强原创性、引领性科技攻关，坚决打赢关键核心技术攻坚战"[2]。强调坚决打赢关键核心技术攻坚战，充分表明党和国家对实现高水平科技自立自强的坚定决心。多年来，在中国科学家

---

[1] 习近平：《提高关键核心技术创新能力　为我国发展提供有力科技保障》，《人民日报》2018年7月14日。

[2] 习近平：《加快建设科技强国，实现高水平科技自立自强》，《求是》2022年第9期。

的不懈努力之下，关键核心技术攻关成果丰硕，航空发动机、燃气轮机、第四代核电机组等高端装备研制取得长足进展，人工智能、量子技术等前沿领域创新成果不断涌现。科技重大专项有效实施，填补一批科技领域战略性空白，有力支撑港珠澳大桥、川藏铁路等一批重大工程建设顺利实施。煤炭清洁高效利用，新型核电技术走在世界前列，为国家能源安全提供了有力保障。系统掌握高铁建造成套技术，构建涵盖不同速度等级、成熟完备的高铁技术体系，树立起世界高铁建设运营的新标杆。深海潜水器具备从试水到11000米级全海洋作业能力。实现1500米超深水油气田开发能力的"深海一号"改变了我国在南海油气开发中的被动局面。据不完全统计，目前已有21项"卡脖子"的技术被攻克，达到国际先进甚至领先水平。

作为《科技日报》所报道的35项"卡脖子"技术之一，芯片的自主创新攻坚战受到全国人民的高度关注。自2015年起，芯片的花费就占据我国外汇储备花费的第一名。通常来讲，国外最先进芯片量产精度为10纳米，我国只有28纳米，差距两代。在计算机系统、通用电子系统、通信设备、内存设备和显示及视频系统等多个领域中，我国国产芯片占有率为0。中国需要进口包括芯片在内的电子元器件，才能生产出高性能、有竞争力的手机和电脑。芯片这一中间品看似只是整个产业链供应链的中间投入，但其存在关乎整个产品、整个产业链供应链的稳定和安全，形成了产业链供应链的障碍、堵点。面对芯片受制于人为半导体产业带来的瓶颈制约，我国政府决定以"举国体制"组织企业和科研机构全力进行技术攻关和关键芯片的替换。2020年6月开始，国产内存条面世，国产内存终于在价格上掌握了主动权，芯片设备国产替代步伐加快。2022年，华为海思的芯片技术有了重大突破，之后国产14纳米芯片量产，搭载"中国芯"的电子产品通过市场的检验，我国芯片产业摆脱"卡脖子"困境迈出坚实步伐。

（三）聚焦经济社会发展，实现高质量源头科技供给

科技是国家强盛之基，创新是引领发展的第一动力。高质量源头科技供给，能够为建设现代化经济体系注入强劲动能，为高质量发展提供有力支撑。当前，新一轮科技革命和产业变革深入发展，科技在提高社会生产力过程中扮演着越来越重要的角色。高质量发展的最主要特征之一，是从要素驱动转向创新驱动，不断增强发展新动力新活力。高质量发展是创新驱动的发展，最根本要依靠科技创新。科技的渗透性、扩散性和颠覆性作用，不断为高质量发展提供源头供给、科技支撑和新的成长空间。

习近平总书记强调，要"充分认识创新是第一动力，提供高质量科技供给，着力支撑现代化经济体系建设"[1]。党的十八大以来，我国坚持把科技创新与经济发展紧密结合，围绕产业链部署创新链，围绕创新链布局产业链，聚焦数字经济、先进制造、新材料、能源、交通等战略性产业强化科研攻关，在一些战略性产业方向强化基础研究，推动一批高质量源头科技成果实现应用化、规模化、产业化。例如，我国在物理学、电子学、材料学、化工学、空气动力学、人机工程学等基础学科实现重要突破，创造性地将3D打印、复合材料、数字化设计、人机交互等技术应用于C919国产大飞机的研发制造，成功完成全部适航审定工作并获中国民用航空局颁发的型号合格证；我国创新采用"能动和非能动"相结合安全系统及双层安全壳等技术，成功将具有完全自主知识产权的三代核电"华龙一号"机组投入商业运行，成为我国核电走向世界的"中国名片"；我国不断完善数字基础设施，激活数据要素潜能，将数字技术与各行业加速融合，大力推进数字产业化和产业数字化，率先实现5G移动通信技术规模化应用，已建成全球

---

[1] 习近平：《努力成为世界主要科学中心和创新高地》，《求是》2021年第6期。

最大5G网。此外，高性能装备、智能机器人、增材制造、激光制造等前沿技术研发和应用推广使"中国制造"迈向更高水平。技术创新为经济稳定增长提供坚实支撑。例如，我国薄液膜沸腾技术所取得的重大突破，就是通过战略高技术的跨越为经济社会发展提供高质量源头科技供给的典型代表。薄液膜沸腾，是目前国际上前沿的可实现超高热流密度散热的方式，即利用冷却液在热源表面形成的超薄液膜持续沸腾，达到高效散热目的。在当前仪器设备小型化和集成化程度不断加深的趋势下，设备散热问题是关乎设备性能提升的关键问题，薄液膜沸腾技术是关乎能源电力、航空航天、电子信息等众多领域发展前景的战略高技术。我国研究团队在实验中实现的2000瓦特/平方厘米热流密度，相当于在1平方米面积上，1万台功率为2千瓦的电热炉同时发热。这一重要突破不仅为应对极端散热需求提供了有效的技术支撑，对我国的高新技术产业发展也具有重大意义。

  党的十八大以来，以习近平同志为核心的党中央不断强化创新驱动顶层设计、前瞻谋划和系统部署，科技创新能力不断增强，为经济稳定增长提供了坚实支撑。以2021年为例，我国技术合同成交额达到37294.8亿元，技术合同成交额占GDP比重达到3.26%，高新技术企业数增加到33万家，高技术产品出口额提高到9800亿美元，占商品出口额比重约为29%。[1] 在这一年，我国发明专利授权数达69.6万件，我国申请人通过《专利合作条约》（PCT）提交的国际专利申请达6.95万件，位居世界第一位。[2] 总体而言，科技创新成果不仅在量上持续积累，更在质上不断突破。2023年，我国授予发明专利权92.1万件，是2012年的4.2倍；有效发明专利499.1万件，是2012年的5.7倍；签订技术合同

---

[1] 《党的十八大以来我国科技创新量质齐升》，《科技日报》2022年3月25日。
[2] 《创新驱动成效显著　科技自强踔厉步稳——党的十八大以来经济社会发展成就系列报告之十》，《中国信息报》2022年9月28日。

95万项，是2012年的3.4倍。①

三、现代化产业体系建设取得新突破

强国必先强产业，强产业必须强科技。科技创新是建设现代化产业体系的战略支撑，习近平总书记明确提出"要建设创新引领、协同发展的产业体系"②。作为现代生产力的基本载体，现代化产业体系是以实体经济为支撑，以产业链现代化为方向，涉及科技创新、现代金融、人力资源等高端要素的新型产业体系。2024年1月31日，习近平总书记再次强调，"发展新质生产力是推动高质量发展的内在要求和重要着力点，必须继续做好创新这篇大文章，推动新质生产力加快发展"③。科技创新是现代生产力中最活跃的因素，在现代化产业体系建设中发挥着重要作用。党的十八大以来，我国坚持以创新作为引领发展的第一动力，现代化产业体系建设取得重要进展，传统产业加快转型升级，战略性新兴产业蓬勃发展，未来产业有序布局，走出了一条从人才强、科技强到产业强、经济强、国家强的发展道路。

（一）科技助推传统产业加快转型升级

习近平总书记指出，"面对新一轮科技革命和产业变革，我们必须抢抓机遇，加大创新力度，培育壮大新兴产业，超前布局建设未来产业，完善现代化产业体系"④。同时，他高度强调，"发展新质生产力不

---

① 《以科技创新培育和发展新质生产力》，《人民日报》2024年4月3日。
② 习近平：《深刻认识建设现代化经济体系重要性 推动我国经济发展焕发新活力迈上新台阶》，《人民日报》2018年2月1日。
③ 《习近平在中共中央政治局第十一次集体学习时强调 加快发展新质生产力 扎实推进高质量发展》，《人民日报》2024年2月2日。
④ 《习近平在参加江苏代表团审议时强调 因地制宜发展新质生产力》，《人民日报》2024年3月6日。

是忽视、放弃传统产业"①，而是要"用新技术改造提升传统产业"②。传统产业种类多、体量大、市场广、产值高，是现代化产业体系的基底，在产业链供应链中扮演着不可或缺的关键角色。因此，出于遵循科技与经济发展规律的考虑，在"着力引领产业向中高端迈进"的过程中，我国并没有将传统产业视为"低端产业"一退了之，而是始终坚持以科技创新推动传统产业转型升级："三横三纵"技术研发持续20多年，形成了我国新能源汽车较为完备的创新布局，产销量连续7年位居全球首位；立足我国以煤为主的能源禀赋，加快煤炭高效清洁利用研发攻关，连续15年布局研发百万千瓦级超超临界高效发电技术，供电煤耗最低可达到264克每千瓦时，占煤电总装机容量的26%……总而言之，党的十八大以来，我国坚持把科技创新摆在国家现代化发展全局的核心位置，科技发展助推传统产业不断向高端化、智能化、绿色化迈进，为传统产业发展实现了赋能增效。

一是科技推动传统产业向高端化迈进。高端化就是要强化传统产业嵌入全球价值链各环节的增值能力，以实现在全球价值链上的地位提升，增加出口产品的附加值。在创新驱动发展战略的指导下，我国传统制造业进一步加强创新迭代，在基础零部件、基础元器件、基础材料、基础软件、基础工艺和产业技术基础等领域，加快攻关突破和产业化应用。从结构上看，通过开展关键核心技术攻关，我国资本品和中间品市场占有率增加，在传统制造业的重点环节和核心部件方面的国内自给率提升。从质量和产品上看，传统产业产品、服务的质量水平和层次不断提高，产品迭代升级加快，逐渐打造出一批具有国际竞争力的"中国制造"高端品牌。

---

① 《习近平在参加江苏代表团审议时强调　因地制宜发展新质生产力》，《人民日报》2024年3月6日。
② 《习近平在参加江苏代表团审议时强调　因地制宜发展新质生产力》，《人民日报》2024年3月6日。

二是科技推动传统产业向智能化迈进。智能化就是要把握人工智能等新科技革命浪潮，加快人工智能、大数据、云计算、5G、物联网等信息技术与传统产业的深度融合。一方面，通过智能化改造，传统产业实现了生产流程的优化和管理的现代化，许多企业通过应用网络技术，逐渐实现生产制造过程的信息共享、企业设备的监控和运维，在研发、设计、生产、企业管理等各环节的效率大大提高。另一方面，通过引入智能技术，传统产业能够更好地抓住细分市场的机会，充分挖掘不同群体的消费潜力，从而实现更加精准的市场定位和产品推广，工业互联网与重点产业链实现协同发展。据工业和信息化部统计，高技术制造业增加值占规模以上工业增加值的比重从2012年的9.4%提高到2023年前三季度的15.3%。

三是科技推动传统产业向绿色化迈进。绿色化是实现人与自然和谐共生、高质量发展的必然要求，推进产业绿色化转型、能源绿色低碳化是高质量发展的应有之义。随着全球对环境保护的重视，绿色技术的发展成为传统产业升级的重要方向。通过采用环保材料、节能工艺和清洁生产技术，钢铁、石化、化工、建材等重点行业逐渐实现节能降碳和绿色转型。以2023年为例，新能源汽车、太阳能电池、汽车用锂离子动力电池等"新三样"相关产品产量较快增长，环比增长率分别达到30.3%、54.0%、22.8%。在能源绿色转型引领下，水轮发电机组、风力发电机组、充电桩等绿色能源相关产品生产保持高速，产量分别增长35.3%、28.7%、36.9%；绿色材料供给增加，太阳能工业用超白玻璃、碳纤维及其复合材料、生物基化学纤维等绿色材料产品产量分别增长58.6%、57.1%、50.7%。新能源产品引领绿色未来，成为新的增长点，企业在减少环境污染的同时，也大大提高了自身的竞争力。

（二）科技引领战略性新兴产业蓬勃发展

习近平总书记指出，"战略性新兴产业是引领未来发展的新支柱、新赛道"[①]。战略性新兴产业代表着先进的生产方式，对未来产业发展的质量、结构、规模、速度和效益等具有长期的、全局性的和决定性的影响。发展战略性新兴产业是技术和产业发展的必然结果和客观要求。面对国际形势的不确定性和日益激烈的国际产业竞争，发展战略性新兴产业已成为确立自主完整的产业链、进而构建新发展格局的重要选择。战略性新兴产业主要来自战略性技术的应用，党的十八大以来，我国高度重视通过原始创新来实现战略性新技术的源头供给，深刻把握科技革命和产业变革的演化趋势，确定了一系列对经济社会发展具有重大影响的战略科技，并布局了相应的产业发展路线。经过十余年的快速发展，我国战略性新兴产业发展步入关键阶段：2022年，新一代信息技术、高端装备、新能源汽车等战略性新兴产业占国内生产总值从不足3%提升至13%以上；工业机器人年产量达44.3万套，新增装机总量全球占比超过50%；光伏组件、风力发电机等清洁能源装备关键零部件占全球市场份额的70%；新能源汽车年销量达680万辆以上，连续多年位居全球第一。

表3.2　2015—2022年我国创新成效指数

（以2015年为100）

年份	2015	2016	2017	2018	2019	2020	2021	2022
创新成效指数	100	105.2	110.7	115.5	118.0	123.6	127.2	128.2
1. 新产品销售收入占营业收入比重指数	100	110.8	124.4	137.1	146.2	161.6	165.4	181.0

---

① 习近平：《当前经济工作的几个重大问题》，《求是》2023年第4期。

续表

年份	2015	2016	2017	2018	2019	2020	2021	2022
2. 高新技术产品出口额占货物出口额比重指数	100	99.8	102.3	104.2	101.4	104.0	102.5	92.3
3. 专利密集型产业增加值占GDP比重指数	100	104.6	106.5	107.4	107.4	110.8	115.2	115.7
4. "三新"经济增加值占GDP比重指数	100	104.1	107.1	109.1	110.4	115.6	116.8	117.5
5. 全员劳动生产率指数	100	106.9	114.5	122.7	130.5	134.0	146.1	152.2

数据来源：国家统计局

一方面，战略性新兴产业规模占比不断扩大。党的十八大以来，我国战略性新兴产业发展迅速，技术创新加快，规模不断扩大，电子信息、轨道交通、工程机械、汽车等领域涌现出一大批发展潜力大的优质企业和产业集群，成为引领经济高质量发展的重要引擎。从企业规模上来看，从新一代信息技术、高端装备到新能源汽车、新材料，再到生物、节能环保，我国战略性新兴产业规模不断壮大，产业创新程度日益活跃。截至2023年9月，企业总数已突破200万家，规模不断壮大。其中，生物产业、相关服务业和新一代信息技术产业企业占比最多，分别为25%、19%和17%。

另一方面，战略性新兴产业发展质量明显提升。一是重要产业发展水平达到世界先进。我国新能源发电装机量、新能源汽车产销量、智能手机产量、海洋工程装备接单量等均位居全球第一；在新一代移动通信、核电、光伏、高铁、互联网应用、基因测序等领域也均具备世界领先的研发水平和应用能力。二是领军型企业具备一定国际竞争地位和市场影响力。2021年世界500强榜单中，中国的战略性新兴产业企业有35家，较2012年增加23家。三是高新技术产品出口规模不断扩大。2021年高新技术产品出口交货值为9795.8亿美元，为2012年的1.6倍。

综合来看，人工智能、大数据、区块链、量子通信等新兴技术加快应用，培育了智能终端、远程医疗、在线教育等新产品、新业态，数字经济规模居世界第二，太阳能光伏、风电、新型显示、半导体照明、先进储能等产业规模也居世界前列。

（三）科技支撑未来产业有序布局

习近平总书记在2023年中央经济工作会议上强调，"要以科技创新推动产业创新，特别是以颠覆性技术和前沿技术催生新产业、新模式、新动能"[1]，要"整合科技创新资源，引领发展战略性新兴产业和未来产业，加快形成新质生产力"[2]。科技有"无中生有"的作用，新的技术可以带动新的产业。未来产业是由未来科技、原创引领技术、颠覆性技术和基础前沿技术交叉融合推动，当前处于萌芽或产业化初期，对未来经济社会发展具有关键支撑引领作用，能够创造新产品、新需求、新场景、新质生产力，催生新业态、新模式、新产业、新动能，可能成长为新领域新赛道的产业。作为新质生产力最活跃的先导力量，前瞻布局未来产业意义重大，既是重塑国际竞争新优势的必答题，又是打造经济增长新引擎、培育产业体系新支柱的抢答题。从国际看，新一轮科技革命和产业变革突飞猛进，国际科技创新进入空前密集活跃期，科学技术和经济社会发展加速渗透融合，未来产业将成为世界经济激烈竞争的战略要地。从国内看，中国式现代化关键在科技现代化，未来产业发展有利于进一步提升自主创新能力、加快实现高水平科技

---

[1] 《中央经济工作会议在北京举行》，《人民日报》2023年12月13日。
[2] 习近平：《开创我国高质量发展新局面》，《求是》2024年第12期。

自立自强，帮助我国在激烈的国际竞争中开辟发展新领域新赛道、塑造发展新动能新优势。总之，随着新兴技术持续涌现并加速向产业渗透，前瞻布局未来科技与未来产业已经成为抢抓新领域新赛道、培育新动能新优势的全球共识。

产业是经济之本，是生产力变革的具体表现形式。党的十八大以来，以习近平同志为核心的党中央坚持把创新摆在国家发展全局的核心位置，加快转变经济发展方式，大力推进产业结构优化升级，高度重视未来产业发展，出台一系列重要的科技政策，迎来了中国科技事业的大发展时期。2024年1月，工业和信息化部等七部门联合发布《关于推动未来产业创新发展的实施意见》，提出重要发展目标：到2025年，我国未来产业技术创新、产业培育、安全治理等全面发展，部分领域达到国际先进水平，产业规模稳步提升；到2027年，未来产业综合实力显著提升，部分领域实现全球引领。大力发展未来产业，是引领科技进步、带动产业升级、培育新质生产力的战略选择。聚焦未来产业发展目标，该实施意见提出全面布局未来产业、加快技术创新和产业化、打造标志性产品、壮大产业主体、丰富应用场景、优化产业支撑体系等六大重点任务，从统筹协调、金融支持、安全治理、国际合作等四个方面提出保障措施，致力为未来产业发展提供良好的制度环境。

表3.3　未来产业前瞻部署情况

未来产业前瞻部署	
未来制造	发展智能制造、生物制造、纳米制造、激光制造、循环制造，突破智能控制、智能传感、模拟仿真等关键核心技术，推广柔性制造、共享制造等模式，推动工业互联网、工业元宇宙等发展。
未来信息	推动下一代移动通信、卫星互联网、量子信息等技术产业化应用，加快量子、光子等计算技术创新突破，加速类脑智能、群体智能、大模型等深度赋能，加速培育智能产业。

续 表

未来产业前瞻部署	
未来材料	推动有色金属、化工、无机非金属等先进基础材料升级,发展高性能碳纤维、先进半导体等关键战略材料,加快超导材料等前沿新材料创新应用。
未来能源	聚焦核能、核聚变、氢能、生物质能等重点领域,打造"采集—存储—运输—应用"全链条的未来能源装备体系。研发新型晶硅太阳能电池、薄膜太阳能电池等高效太阳能电池及相关电子专用设备,加快发展新型储能,推动能源电子产业融合升级。
未来空间	聚焦空天、深海、深地等领域,研制载人航天、探月探火、卫星导航、临空无人系统、先进高效航空器等高端装备,加快深海潜水器、深海作业装备、深海搜救探测设备、深海智能无人平台等研制及创新应用,推动深地资源探采、城市地下空间开发利用、极地探测与作业等领域装备研制。
未来健康	加快细胞和基因技术、合成生物、生物育种等前沿技术产业化,推动5G/6G、元宇宙、人工智能等技术赋能新型医疗服务,研发融合数字孪生、脑机交互等先进技术的高端医疗装备和健康用品。

来源:工业和信息化部等七部门《关于推动未来产业创新发展的实施意见》

一方面,我国未来科技研发投入不断增加,逐渐培育起本国优势领域。未来科技是未来产业的底层支撑,基础研究与前沿技术突破及创新成果产业化应用是激活未来产业发展新势能的关键。党的十八大以来,国家高度重视未来产业的发展,不断强化类脑智能、量子信息、基因技术、未来网络、深海空天开发、氢能与储能等领域的前沿科技研发投入,着力孵化与加速推进一批未来的技术和产业。截至目前,12个省(市)已经出台未来产业政策,未来产业投入开始冲击千亿级、万亿级的规模体量。《2022年全国科技经费投入统计公报》显示,研究与试验发展经费投入强度较高的省市均是较早在未来产业方面做出相关规划部署的地区,10地研究与试验发展经费投入高于全国平均水平,甚至连续多年维持在10%以上。预计随着未来产业相关规划的出台,研究与试验发展经费投入强度将进一步提升,新一轮科创竞赛序幕即将拉开。经过改革开放后特别是新时代以来的持续快速发展,我国已经稳居世界第二大经济体,建成了世界上最完整的工业体系,具有社会主义市场经济的体制优势、超大规模市场的需求优势、产业体系配套完整的供给优势、大量高素质劳动者和企业家的人才优势,在未来产业发展方面培育起自身的独特优势。

另一方面,各地在基础延续的同时针对未来产业细分赛道展开错位竞争,逐渐形成优势互补的地区化未来产业布局。从整体来看,各地基本围绕未来制造、未来信息、未来材料、未来能源、未来空间、未来健康六个领域展开未来产业布局,但各地在赛道选择上又体现出差异化定位的特点。以未来材料领域为例,至少已有10个地区作出了具体规划,但基于各自的资源禀赋和产业基础,江西主要发展稀土功能材料、高性能金属材料等资源依赖性较强的领域;上海着重布局高端膜材料、高性能复合材料和非硅基芯材料;广东则针对下游需求将重心放在超导、纳米、新能源等领域。从全局来看,各地由不同细分赛道切入,将共同组成完整产业链,并有效规避同质竞争。同时,经过多年努力,各省逐渐探索出以先导区建设培育未来产业集群的全新路径。例如,山东遴选出了潍坊元宇宙、烟台新一代核能、青岛基因和细胞诊疗等15个未来产业集群;浙江选定了杭州、宁波两市建设未来产业先导区;广东则在多份未来产业行动计划中点名广州、深圳、东莞建设核心引领区。而先导区作为各种创新要素、资源的聚集地,能快速组建完整生态,将大大促进未来产业发展。

现代化产业体系是新质生产力的重要载体,科技创新成果应用是发展新质生产力的重要途径。科技创新成果通过转化成为新质生产力,进而推动现代化产业体系升级和发展。

四、民生科技领域取得显著成效

民生无小事,枝叶总关情。科学研究既要追求知识和真理,抢占事关长远和全局的科技战略制高点，也要服务于经济社会发展和广大人民群众，回应人民的需要和呼唤。党的十八大以来，以习近平同志为核心的党中央坚持把满足人民对美好生活的向往作为科技创新的落脚点，把惠民、利民、富民、改善民生作为科技创新的重要方向，民生科技领域取得显著成效。一项项科技创新成果，有力服务民生需求、保障人民群众高品质生活水平，持续为人民的美好生活添砖加瓦。

（一）为保障人民生命健康铸就"健康坚盾"

人民健康既是社会文明进步的基础，又是民族昌盛和国家富强的重要标志。作为幸福生活最重要的指标，"健康"在成为广大人民群众共同追求的同时，也成为科技发展的重要目标。党的十八大以来，以习近平同志为核心的党中央把保障人民健康放在优先发展的战略位置，明确要求"面向人民生命健康"加快科技创新，加大力度为建设健康中国铸就科技坚盾。

科学技术是人类同疾病较量最有力的武器，无论是新冠疫情、疟疾等来势汹汹的各种传染病，抑或是肿瘤、慢性病等危及人民健康的重大疾病，科技发展始终为我国战胜大灾大疫提供强大支撑。

"十二五"期间，在国家重大科技专项医药方面，针对重大疾病防治需求开展的科研攻关硕果累累，累计90个品种获得新药证书。"十三五"期间，我国进一步健全支撑民生改善和可持续发展的技术体系，在人口健康方面，中央财政资金投入金额超过250亿元，涉及新药创制、中医药现代化、食品安全等多个领域。同时，我国还围绕癌症、心脑血管、呼吸和代谢性疾病等重点领域和临床专科建立50个国家临床医学研究中心，早查、早筛、早诊、早治的技术体系不断完善，新药创制、重大传染病防治等重大项目取得重要进展。从数据上来看，居民个人卫生支出所占比重由2012年的34.34%下降到2021年的27.7%。癌症、白血病、耐药菌防治等领域打破国外专利药垄断，取得重大突破，重离子加速器、磁共振、彩超、CT等多项高端医疗装备加速国产化，科技助力民生改善能力明显增强，保障人民生命安全和身体健康的科技防线持续筑牢强化。

（二）为带领人民脱贫致富点燃"创新引擎"

民惟邦本，本固邦宁。不断改善民生，是实现以国家富强、民族振兴、人民幸福为主要内容的"中国梦"的题中应有之义和最终理想。习近平总书记反复强调，"广大科技工作者要把论文写在祖国的大地上，把科技成果应用在实现现代化的伟大事业中"[①]。在党中央的号召下，一批又一批的科技特派员走到田间地头、走进村民家中。党的十八大以来，共28.98万名科技特派员奔赴脱贫攻坚第一线，成为"三农"政策的宣传队、农业科技的传播者、科技创新的领头羊、乡村脱贫致富的带头人。

新时代以来，我国深入实施藏粮于地、藏粮于技战略，在不断提高土壤肥力、增加有效耕作面积的同时，创制了系列新品种，提高了机械化水平。在以科技现代化力量推动全面农业现代化发展的目标下，农田有效灌溉面积占比超过54%，农业科技进步贡献率达到61.5%，农作物耕种收综合机械化率超过72%，科技发展为国家粮食安全提供了坚强支撑。针对干旱半干旱土地，2021年杨凌示范区科技创新示范推广面积超1亿亩，推广效益达235亿元。针对盐碱地开发，黄河三角洲农业高新技术产业示范区通过多年努力，研发出可在含盐量达到千分之三到千分之四条件下生长的稻米、大豆等农作物，水稻种植面积已超过10万亩。除此之外，中国科学家更是在人工合成淀粉方面取得重大颠覆性、原创性突破——国际上首次在实验室实现二氧化碳到淀粉的从头合成。这是中国科学界"从0到1"的原始创新，粮食从工厂里

---

① 习近平：《为建设世界科技强国而奋斗》，《人民日报》2016年6月1日。

生产出来的梦想在不远的将来可能成为现实，为从根本上解决人类的粮食安全问题开辟了新途径。同时，科技的快速发展也使我国农业生产进入以机械化为主导的新发展阶段。2012年以来，耕整机、联合收割机、自动饲喂机、制氧机等大中小型农业机械广泛应用，农业机械总动力逐年增加。据统计，2021年全国农业机械总动力达到10.8亿千瓦，比2012年增加0.5亿千瓦，2013—2021年年均增长0.6%。农业机械的广泛应用带动我国农业生产机械化率快速提升。据有关部门统计，2021年全国农作物耕种收综合机械化率超过71%，其中小麦、玉米、水稻三大粮食作物耕种收综合机械化率分别达到97%、90%和84%，畜牧养殖和水产养殖机械化率分别达到36%和32%。农业出路在现代化，农业现代化关键在科技进步。

科技创新带来了我国农业发展的金色十年，更为全面建成小康社会点燃了创新引擎。当今世界，科技工业迅猛发展，以科技创新带动就业创业成为社会各界共识。党的十八大以来，我国移动网络实现从3G突破、4G同步到5G引领的跨越，互联网在消费领域的应用更加丰富，在生产领域的应用加速拓展。同时，5G、工业互联网、大数据、云计算、人工智能等与制造业深度融合，数字经济发展势头迅猛，依托互联网平台，以人工智能、大数据等为代表的数字经济，成为稳增长、保就业的重要抓手。169家高新区聚集了全国1/3以上的高新技术企业，人均劳动生产力为全国平均水平的2.7倍，吸纳大学毕业生就业人数占全国比重的9.2%；2020年科研助理岗位吸纳高校毕业生就业16.7万人。

（三）为满足人民对美好生活的向往插上"科技翅膀"

"科技为民"是科技创新的前进动力和根本任务。习近平总书记反复强调，科技创新的落脚点是满足人民对美好生活的向往，科技创新的重要方向是惠民、利民、富民、改善民生。党的十八大以来，以

第三章
辉煌成就：我国科技事业实现了历史性、整体性、格局性重大变化

习近平同志为核心的党中央始终坚持科技创新造福民生导向，一批批科技创新成果不断转化，成功走进千家万户，人民群众的生活便利感、幸福感显著提升。

在生态保护方面，中国加强大气、水、土壤污染防治科技攻关，助力打赢蓝天保卫战、污染防治攻坚战。2021年中国全国地级市以上城市的PM2.5平均浓度降到了30微克每立方米，连续两年实现了PM2.5和臭氧浓度的双下降，全国339个地级及以上城市平均空气质量优良天数比例为87.5%，长江干流全线连续两年实现二类及以上的优良水体。

在能源安全方面，深海油气、页岩气等勘探技术、煤炭清洁高效利用、高温气冷堆技术不断取得突破，"国和一号"实现压水堆从二代到三代的跨越，清洁能源消费量占比由2012年的14.5%提高到2021年的25.5%。"煤制烯烃""煤制油""二氧化碳变成工业用淀粉"成为保障能源安全、减排减碳的重要创新成果。

在交通出行方面，中国高铁的飞速发展已然成为科技创新为人民的真实写照。2019年底，我国高铁运营里程达到3.5万公里，居世界第一，一些偏远或相对落后地区加入"高铁圈"。2022年新年前夕，我国首条智能化高速铁路"京张线"作为冬奥会"门户工程"正式开通运营。从自主设计修建零的突破，到世界最先进的智能高铁，从时速35公里到350公里，"京张线"见证了中国高铁的科技创新发展。不光"复兴号"高铁等达到世界一流水平，C919大飞机、时速600公里高速磁浮试验样车等装备研制也取得重大突破。港珠澳大桥、北京大兴国际机场、京张高铁等一批超大型交通工程建成投运，标注了中国建造的新高度。智能船舶、智能网联汽车、无人配送、自动化码头等加快发展，中国交通现代化道路越走越宽广。

从打造"碧水蓝天"到创造便利生活，科技写就了最生动的中国民生故事。"科技为民"始终是创新步伐的前进方向，科技绘就的美好

生活画卷正在中华大地上徐徐铺展。

五、国防科技创新取得重大成就

科技强则国防强，科技兴则军队兴。党的十八大以来，以习近平同志为核心的党中央统筹中华民族伟大复兴的战略全局和世界百年未有之大变局，立足我国国防现代化建设态势，结合世界新一轮军事科技革命演进情况，作出科技是核心战斗力的重大论断，强调"要加强国防科技创新"，"大力提高国防科技自主创新能力，加大先进科技成果转化运用力度，推动我军建设向质量效能型和科技密集型转变"[1]。在科技强军的时代号令下，武器装备研制成就非凡，以效能为核心的军事管理革命持续推进，国防科技自主创新能力不断提高，军队建设模式和战斗力生成模式逐渐转到创新驱动发展的轨道上来，我军建设发展实现质量变革、效能变革、动力变革，国防和军队建设实现新跨越。

（一）科技助推人民军队质量变革，武器装备研制成就非凡

强军胜战能力之"强"，依托于发展质量之"高"。党的二十大报告指出，"高质量发展是全面建设社会主义现代化国家的首要任务"，"如期实现建军一百年奋斗目标，加快把人民军队建成世界一流军队，是全面建设社会主义现代化国家的战略要求"[2]。要建成世界一流军队，就必须坚持质量第一、效益优先，聚焦高质量武器装备、高素质军事人才、新型作战力量等发展重点，着力提高我军建设高质量发展水平。沿着高质量发展之路，人民军队聚焦时代之变、战争之变、科技之变，以发展升级实现建设"质变"，不断向更高层级进军。

---

[1] 《习近平关于总体国家安全观论述摘编》，中央文献出版社2018年版，第163页。
[2] 习近平：《高举中国特色社会主义伟大旗帜　为全面建设社会主义现代化国家而团结奋斗——在中国共产党第二十次全国代表大会上的报告》，人民出版社2022年版，第28、55页。

第三章
辉煌成就：我国科技事业实现了历史性、整体性、格局性重大变化

强国必先强军，强军必须利器。聚焦2027、承接2035、放眼2050，在统筹人民军队高质量发展的过程中，习近平总书记反复强调"武器装备现代化"这一重要的时代命题，指出"靠进口武器装备是靠不住的，走引进仿制的路子是走不远的"[①]。作为军队战斗力的基本要素之一，武器装备的现代化是军队现代化的物质基础和主要标志。实施科技强军战略的一项基本内容，就是要依靠科技进步，加快高科技武器装备的研制，尽快缩小与发达国家的军队在武器装备方面的差距。党的十八大以来，以习近平同志为核心的党中央高度重视武器装备建设，坚持以作战需求为牵引，紧跟世界军事科技发展方向，超前规划布局、加速发展步伐，发展战略前沿技术，加强前瞻性、先导性、探索性、颠覆性的重大技术研究和新概念武器装备攻关，以军事科技现代化、训练水平现代化、制度机制现代化全面推进武器装备现代化建设。

在党中央和中央军委坚强领导下，在军地各有关方面共同努力下，我军武器装备建设实现跨越式发展、取得历史性成就，为提升国家战略能力特别是军事实力提供了坚实物质技术支撑。[②]2012年9月25日，我国第一艘航空母舰正式交付海军，命名为"中国人民解放军海军辽宁舰"，舷号为"16"。从这一天开始，我国有了自己的航母，海军建设进入崭新篇章。2019年12月17日，我国自主设计、自主配套、自主建造的首艘航母正式交付海军，命名为"中国人民解放军海军山东舰"，舷号为"17"。2022年6月17日，我国完全自主设计建造的首艘弹射型航空母舰下水，命名为"中国人民解放军海军福建舰"，舷号为"18"。十年间，人民海军航母实现"三剑客"之梦。进入新时代，新型战车、新型战舰、新型战机、新型导弹以空前加速的步伐入列服役：从15式新型轻型坦克、远程箱式火箭炮、直–20直升机列装部队，到

[①] 《习近平关于科技创新论述摘编》，中央文献出版社2016年版，第43页。
[②] 《习近平对全军装备工作会议作出重要指示强调　全面开创武器装备建设新局面　为实现建军一百年奋斗目标作出积极贡献》，《人民日报》2021年10月27日。

首艘国产航空母舰、075型两栖攻击舰、055万吨驱逐舰下水入役；从歼–20飞机、歼–16飞机、歼–10C飞机代次搭配、形成实战能力，到东风–17导弹、东风–26导弹等批量装备……在科技强军战略指引下，我国以轻武器为代表的通用技术装备达到世界先进水平，自行研制的新型坦克的作战性能和整体水平接近当今世界一流，海军装备实现了近岸走向远海的跨越，空军装备由防空型向攻防兼备型全面转变，武器装备创新进入了新的发展时代。根据瑞典斯德哥尔摩国际和平研究所发布的《2023年国际武器转让趋势》，2019年至2023年中国武器进口量较此前5年下降44%。人民军队迎着改革开放的春风，逐步成长为一支装备自主化、作战方式现代化的雄壮力量。

（二）科技助推人民军队效能变革，军事管理体系全面更新

明者因时而变，知者随事而制。科学完备的军事管理体系是全面实施科技强军战略的基础支撑，也是大力发展国防科技创新的重要保证。党的十八大以来，以习近平同志为核心的党中央高度重视国防科技创新，提出"大力提高国防科技自主创新能力，加大先进科技成果转化运用力度，推动我军建设向质量效能型和科技密集型转变"[1]。党的二十大报告提出，"提高军事系统运行效能和国防资源使用效益"[2]，首次提出"全面加强军事治理"这个重大命题，为我们如何在军事系统运行日益复杂情况下提高发展效能提供了方向引领。

第一，健全的国防科技管理体制基本建立起来。国防科技管理和研究架构是一个国家国防科技管理和研究工作开展的组织形式、职能分工与内在工作关系的总和，直接决定着国防科技工作的创新活力

---

[1] 习近平：《扎扎实实推进军民融合深度发展　为实现中国梦强军梦提供强大动力和战略支撑》，《人民日报》2018年3月13日。

[2] 习近平：《高举中国特色社会主义伟大旗帜　为全面建设社会主义现代化国家而团结奋斗——在中国共产党第二十次全国代表大会上的报告》，人民出版社2022年版，第56页。

及其运行效率与效益。一方面,在党中央的坚强领导下,人民军队开展了一场新中国成立以来最为广泛、最为深刻的国防和军队改革,形成"军委管总、战区主战、军种主建"的全新格局。与此同时,"中央军委科学技术委员会"这一新的职能部门于2016年出现在了改革后的军委机关序列中。次年,中央军委军事科学研究指导委员会作为一个崭新的机构正式诞生,标志着我国国防科技创新有了全新的顶层架构。管理机构的升级体现了党中央对国防科技的高度重视,新成立的中央军委军事科学研究指导委员会和军委科技委共同构成了我国国防科技管理的顶层架构。另一方面,我们还重新调整组建了军事科学院、国防科技大学和军种研究院,形成以军事科学院为龙头、军兵种科研机构为骨干、院校和部队科研力量为辅助的军事科研力量布局,构建了新型军事科研体系。军事科学院吸纳了军内诸多领域的重要科研机构,成为全军军事科学研究的拳头力量;国防科技大学成为高素质新型军事人才培养和国防科技自主创新高地。通过改革重塑,军事科研机构逐步向需求论证、项目监管、试验评估、转化应用和中国特色研究转型。军事科研"航母编队"整装进发,新时代科技强军的步伐愈发坚实。

第二,基于网络信息体系的新时代军事管理体系加快构建。军事管理是国防和军队建设的全局性、基础性工作,是战斗力生成的倍增器。推进新时代军事管理革命,必须确立新理念、应用新手段、构建新体系,以科学高效管理加快提升履行新时代使命任务的核心军事能力。当前,信息技术创新日新月异,以数字化、网络化、智能化为特征的信息化浪潮蓬勃兴起,我军管理也正向适应建设信息化军队、打赢信息化战争要求的模式转变。网络信息体系既是我军现代作战体系的支撑,也是我军未来管理运行体系的支撑。进入信息化时代,我军充分利用大数据、云计算和物联网、人工智能等技术,将人、财、物、时间和信息等各种要素融合成为一个体系。通过推动网络、大数据、云计算等信息化技术的广泛应用，加强信息技术基础上的各责任主体和作战单元的计划、组织、领导、控制和协调，实现信息多元化、采集精确化、处理实时化和信息分享网络化，实施精准高效的筹划、组织、协调和控制，提高基于网络信息体系的管理能力。以精确为导向、以效能为核心的军事管理革命进一步推进，国防和军队建设的精准度大幅提升，我军管理工作逐步实现由粗放型向集约型转变，管理效能大幅提升。

（三）科技助推人民军队动力变革，国防自主创新能力提高

"我们要在激烈的国际军事竞争中掌握主动，就必须大力推进科技进步和创新，大幅提高国防科技自主创新能力"[①]。自主创新这口气一定要争，这场仗一定要打赢。抓自主创新，就是要以与时俱进的精神、革故鼎新的勇气、坚忍不拔的定力，把握大势、抢占先机，直面问题、迎难而上，组织优势力量打好攻坚战，尽快扭转关键核心技术受制于人的被动局面。抓自主创新，就是要坚定不移、一往无前，改变一味跟踪模仿的思维定式和发展模式，抓紧构建国防科技创新体系，加快提升自主创新能力，增强核心基础产品和国防关键技术自主可控能力。抓自主创新，就是要更加注重力量整合、资源统合、体系融合，把快速增长的科技实力和创新能力转化为军事实力，把科技优势转化为能力优势、作战优势。

要在激烈的国际军事竞争中掌握主动，必须牢牢扭住国防科技自主创新这个战略基点，大幅提高国防科技自主创新能力，把基础性研究和前沿探索摆到战略位置，增强原始创新能力，及早解决核心技术受制于人的状况，逐步巩固和扩大在世界前瞻性、战略性科技领域的局部优势。党的十八大以来，以习近平同志为核心的党中央紧跟世

---

① 《习近平关于科技创新论述摘编》，中央文献出版社2016年版，第43页。

界高科技发展趋势，坚持走中国特色自主创新道路，不断加大原始创新、集成创新力度，不断提高国防自主创新能力。立足制胜前沿，我国不断加强国防科技创新基地建设，逐渐形成涵盖国防科技重点实验室、国防重点学科实验室、国防科技工业创新中心的创新基地体系。通过统筹型号任务与创新需求，统筹武器平台与专业化协作，大力加强科技创新能力建设，建成一批关乎全局、国际领先的科研试验设施，为国防关键技术攻关提供了基础保障。回望科技强军之路，加快军事智能化发展、加强重大技术研究和新概念研究、提高基于网络信息体系的联合作战能力和全域作战能力等一系列战略部署陆续出台，我们不断向自主创新要战斗力。在科技强军战略的引领下，我国已经在以载人航天、深空探测、载人深潜、北斗导航等为代表的战略必争领域形成了独特优势，具有世界先进水平的第五代战斗机、国产航母、东风–17弹道导弹等一大批高科技武器装备陆续研发成功。

从小步快跑到大步前进，从不落人后到敢为人先，我军科技创新正在向网络信息技术、高端装备制造、海洋资源、航空航天等领域纵深推进。一项项技术领域突破赶超，一个个国之利器横空出世，带动的是国防科学技术的整体跃升，成就的是中华民族走向世界舞台中央的硬气、底气与豪气。

六、科技创新合作呈现新局面

科学无国界，创新无止境。科学技术具有世界性、时代性，是人类共同的财富。习近平总书记强调："要统筹发展和安全，以全球视野谋划和推动创新，积极融入全球创新网络，聚焦气候变化、人类健康等问题，加强同各国科研人员的联合研发。"[①] 我国始终把国际科技合作

---

① 《习近平著作选读》第2卷，人民出版社2023年版，第473—474页。

作为推动科技改革发展的重要内容，作为集聚全球创新资源、提升科技创新能力的重要支撑。党的十八大以来，我国坚持融入全球科技创新网络，树立人类命运共同体意识，主动发起全球性创新议题，全面提高我国科技创新的全球化水平和国际影响力。最近十多年来，我国科技事业取得历史性成就、发生历史性变革，从自主创新到自立自强、从跟跑参与到领跑开拓、从重点领域突破到系统能力提升，对世界科技创新贡献率大幅提高，成为全球创新版图中日益重要的一极。

（一）全球创新网络"朋友圈"持续扩大

当前，世界百年未有之大变局加速演进，国际环境错综复杂，世界经济陷入低迷期，全球产业链供应链面临重塑，不稳定性不确定性明显增加。习近平总书记强调："世界经济复苏面临严峻挑战，世界各国更加需要加强科技开放合作，通过科技创新共同探索解决重要全球性问题的途径和方法，共同应对时代挑战，共同促进人类和平与发展的崇高事业。"[①] 面对人类社会的重大挑战，世界各国需要加强科技开放合作，通过科技创新共同探索解决重要全球性问题的途径和方法。

加强国际科技合作是世界科技变革规律的客观要求。科学技术是生产力中最积极、最活跃的部分，是第一生产力，国际科技合作成为人类应对共同挑战的关键路径。习近平总书记指出："我们既要立足自身发展，充分发掘创新潜力，也要敞开大门，鼓励新技术、新知识传播，让创新造福更多国家和人民。"[②] 党的十八大以来，以习近平同志为核心的党中央推动全球科技创新协作、积极参与全球创新网络、营造一流创新生态、通过科技创新共同应对时代挑战，推动科学技术更好造福各国人民，形成了全方位、多层次、广领域的国际科技合作新格局，我国科技创新合作呈现出向好向上的新发展态势。目前，我国

---

① 《习近平向2021中关村论坛视频致贺》，《人民日报》2021年9月25日。
② 《习近平外交演讲集》第2卷，中央文献出版社2022年版，第172页。

已经和160多个国家和地区建立了科技合作关系，签署了118个政府间科技合作协定，创新开放的"科技朋友圈"越来越大。通过主导发起"一带一路"国际科学组织联盟，建设跨国技术转移平台，建立"技术转移南南合作中心"，基本形成了"一带一路"技术转移网络。通过签署《中欧科技合作协定》、启动"中国—中东欧国家科技创新伙伴计划"、制定《金砖国家科技创新框架计划》等，开展了一系列科技合作项目。通过中德科学机构领导人定期会晤、中英高层战略会、中日韩科研资助机构领导人会议、中欧科技政策和战略高层论坛、中国—北欧跨学科研究资助政策研讨会等，构建了与重要伙伴的战略性交流机制，有力促进了多边科技合作。2023年11月7日，我国在首届"一带一路"科技交流大会上提出了《国际科技合作倡议》，倡导并践行开放、公平、公正、非歧视的国际科技合作理念，坚持"科学无国界、惠及全人类"，携手构建全球科技共同体。

（二）全球科技创新合作模式加快形成

加强国际科技合作是推动构建人类命运共同体的现实需要。实践证明，我国既是科技开放合作的参与者、受益者，也是贡献者、推动者，中国的科技发展越来越离不开世界，世界的科技进步也越来越需要中国。在经济全球化深入发展的大背景下，创新资源在世界范围内加快流动，各国经济科技联系更加紧密，任何一个国家都不可能孤立依靠自己力量解决所有创新难题。人类社会比以往任何时候都更需要国际合作和开放共享，共同应对时代挑战，共同促进和平发展。

习近平总书记强调："要深度参与全球科技治理，贡献中国智慧，塑造科技向善的文化理念，让科技更好增进人类福祉，让中国科技为推动构建人类命运共同体作出更大贡献！"[1] 党的十八大以来，我

---

[1] 《习近平谈治国理政》第4卷，外文出版社2022年版，第201—202页。

国不断探索互利共赢的全球科技创新合作新模式，增进国际科技界开放、信任与合作，以科学繁荣发展造福各国人民。在合作平台上，积极为各类创新主体和创新人才搭建国际科技合作平台，涵盖国际科技创新园、国际联合研究中心、示范型国际科技合作基地、国际技术转移中心等，强化资源共享与优势互补，联合攻关解决共建国家在发展中面临的重大挑战和问题，有效提升共建国家的科技创新能力。在合作方式上，从被动融入到主动构建、从政府主导到多元主体、从"飞地"研发到本土合作、从技术并购到网络融合，不断激发国际科技合作的动能和潜力，强化国际科技合作的要素赋能，高层次人才国际流动速度加快，高水平科技服务保障水平更高，高质量金融服务支撑能力更强。在合作渠道上，试点设立了面向全球的科学研究基金，支持外籍科学家领衔和参与国家科技计划，启动"一带一路"国际科技组织合作平台建设项目，多样化的合作途径有力促进了创新要素的开放流动。

（三）全球科技治理话语权进一步提升

世界科技强国的重要标志之一是国际科技话语权。17世纪的英国，成立了皇家学会，创办了世界第一本科技期刊《哲学汇刊》，涌现出牛顿、胡克、波义耳、哈雷等一大批科学家，先后诞生了牛顿力学、电磁场理论、进化论等一批科学理论，尤其是牛顿的《自然哲学之数学原理》的出版，奠定了现代自然科学的数学基础，使英国成为当时的世界科学中心，其国际科技话语权达到了历史新高度。英国科学家在国际科学事务以及社会事务中发挥了重要作用，有力支撑了英国在国际事务中的话语权。20世纪的美国，在原子弹、氢弹、计算机及网络技术、生命科学、航空航天等领域的绝对领先，为美国确立其超级大国地位奠定了坚实基础。从二战开始，美国对全球科技人才具有无可匹敌的吸引力，引领了世界主要科技领域的发展方向，在此过程中树立了高度的国际科技话语权,其他国家大都处在跟踪、模仿、引进的水平上。

主动参与全球科技规则制定、议程设置、统筹协调、治理改革,发出中国声音,是加快建设世界科技强国的重要内容,也是高水平对外开放的必然要求,更是中国科技持续突破的宝贵经验。新时代以来,在以习近平同志为核心的党中央坚强领导下,我国深度参与国际创新合作,科技发展水平得到很大提升,已成为具有全球影响力的科技大国,主要创新指标进入世界前列,科技创新水平加速迈向国际第一方阵。

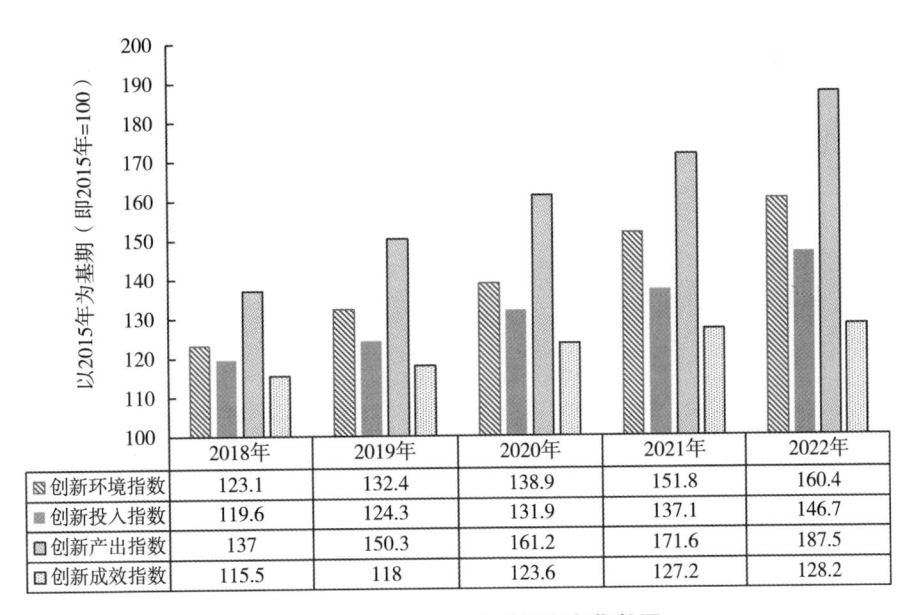

	2018年	2019年	2020年	2021年	2022年
创新环境指数	123.1	132.4	138.9	151.8	160.4
创新投入指数	119.6	124.3	131.9	137.1	146.7
创新产出指数	137	150.3	161.2	171.6	187.5
创新成效指数	115.5	118	123.6	127.2	128.2

图3.2 2018—2022年中国创新指数图

数据来源:求是网

2023年11月21日,中国科学技术发展战略研究院发布了《国家创新指数报告2022—2023》,中国创新能力综合排名上升至第10位,向创新型国家前列进一步迈进。与此同时,我国在全球科技治理中的影响力和规则制定能力也不断提高。首先,我国积极参与国际大科学工程，已加入200多个国际组织和多边机制，深度参与包括国际热核聚变实验堆、国际大洋发现计划、平方公里阵列射电望远镜在内的近60项国际大科学计划和工程，我国在这些重要国际科技组织当中的贡献度、话语权、领导力显著提升。其次，我国牵头设置全球性科技创新议题，积极参与公共卫生、清洁能源等全球创新治理，在G20科技创新部长会议、上合组织科技部长会晤、金砖国家科技创新部长级会议、清洁能源部长级会议等多边机制中发出合作倡议。最后，我国主动参与国际组织事务，加快中国科技治理与全球科技治理接轨。目前，中国科协及全国学会共加入国际组织380个，专家个人加入国际组织205个，969位专家在其中任重要职务，我国科技工作者在国际科学理事会、世界工程组织联合会、亚洲科学理事会中的作用更加凸显。

第四章

紧迫任务：坚决打赢关键核心技术攻坚战

习近平总书记在党的二十大报告中指出："以国家战略需求为导向，集聚力量进行原创性引领性科技攻关，坚决打赢关键核心技术攻坚战。"① 当前，我国关键领域核心技术受制于人的格局仍未改变，重大技术瓶颈制约亟待破除，要想在新形势下赢得国际竞争优势，更好统筹高质量发展与高水平安全，必须坚持党对关键核心技术攻关工作的全面领导，明确攻关目标、把准主攻方向、制定攻关策略，集聚力量打赢关键核心技术攻坚战。

一、打赢关键核心技术攻坚战的目标体系

打赢关键核心技术攻坚战，首要任务就是"摸清家底""找准方向"，科学确定攻关目标。在习近平总书记关于打好打赢关键核心技术攻坚战的一系列重要论述中，突出强调了国家战略需求导向。新时代推动关键核心技术攻关应当立足大战略视角，坚持目标引领和问题导向，运用系统思维塑造打赢关键核心技术攻坚战的目标体系。首先，实现重要领域关键核心技术自主可控是直接目标，加快攻克技术层面"卡脖子"问题，从而着力破解制约国家发展全局和长远利益的瓶颈难题。其次，推动经济高质量发展、保障国家安全是根本目标，统筹兼顾高质量发展和高水平安全，是新时代中国共产党推动关键核心技术攻关的使命与方向。最后，建设高水平科技自立自强的科技强国是战略目标，加强原创性、引领性科技攻关，坚决打赢关键核心技术攻坚战是迈向世界科技强国的必经之路。

---

① 习近平：《高举中国特色社会主义伟大旗帜　为全面建设社会主义现代化国家而团结奋斗——在中国共产党第二十次全国代表大会上的报告》，人民出版社2022年版，第35页。

第四章
紧迫任务：坚决打赢关键核心技术攻坚战

（一）直接目标：实现重要领域关键核心技术自主可控

实践反复告诉我们，关键核心技术是要不来、买不来、讨不来的，科技自立自强是一个国家、一个民族兴旺发达的动力之源。只有实现关键核心技术自主可控才能摆脱受制于人的困境，只有实现科技自立自强才能塑造科技强国的新局面。新征程上，必须朝着实现技术的自主可控目标不断前进，加快解决"卡脖子"问题。习近平总书记指出，要"以关键共性技术、前沿引领技术、现代工程技术、颠覆性技术创新为突破口，敢于走前人没走过的路，努力实现关键核心技术自主可控"[①]。这为我们打赢关键核心技术攻坚战明确了技术层面的直接目标。

一是要攻克关键共性技术难题。关键共性技术指的是在多个行业或领域广泛应用，并对整个或多个产业形成瓶颈制约作用的技术，具有研发难度大、周期长的主要特征。发展关键共性技术对于推动我国制造业高质量发展和国家综合竞争力提升具有重要作用，能够为实现中华民族伟大复兴提供重要技术保障。因此，要充分把握关键共性技术对相关联的产业影响大、辐射面广的特点，发挥新型举国体制优势，以高校、科研院所、企业、政府等多方联动的形式促进关键共性技术创新。通过集中力量实现关键共性技术领域的突破和提升，牢牢把握第四次工业革命新机遇。

二是要推进前沿引领技术突破。前沿科技是推动产业发展的革命性力量，代表着世界高技术前沿的发展方向，对国家未来新兴产业的形成和发展具有重要引领作用。党的十九大报告指出，要突出前沿引领技术、颠覆性技术创新。近年来，前沿科学交叉融合的趋势更加明显，全球科技创新格局以及产业链和价值链加速重构，国际科技竞争

[①] 习近平：《论科技自立自强》，中央文献出版社2023年版，第201页。

愈发激烈。围绕前沿引领技术领域展开顶层设计和重点布局，有利于抢占科技竞争和未来发展制高点，为新兴产业和未来产业的发展夯实技术基础。前沿引领技术通常是关键核心技术中具有前瞻性、先导性和探索性的重大技术，推进前沿引领技术突破是实现自主可控目标的关键环节。要面向前沿引领技术有针对性地做好中长期关键核心技术攻关工作，超前部署并强化基础研究和应用基础研究，同时要推动前沿高技术领域科技人才队伍可持续发展。通过前沿引领技术攻关能力的不断提升，引领科技发展方向，掌握全球科技竞争先机。

三是要加速现代工程技术发展。习近平总书记指出，"现代工程和技术科学是科学原理和产业发展、工程研制之间不可缺少的桥梁，在现代科学技术体系中发挥着关键作用"[①]。现代工程具有自动化、智能化、信息化、动态化的发展趋势，与之对应的现代工程技术作为一种先进的生产和管理技术，能够有效带动基础科学和工程技术的加速发展，具有灵活性、实用性和综合性等特点。聚焦实现关键核心技术自主可控的目标，必须加速推动现代工程技术发展。要着力提升重大科技平台建设水平，加快壮大以国家实验室体系为核心的国家战略科技力量，依托高校院所在关键领域布局建设工程技术联合实验室，重点突破制约工程技术发展的"卡脖子"关键环节。要大力加强学科融合的现代工程和技术科学研究，真正用好学科交融这个"催化剂"。通过系统调整学科布局，组建交叉学科群和现代工程技术攻关团队，不断打破学科壁垒，以学科交叉融合推动工程技术领域取得系统性、原创性、引领性重大突破。

四是要加强颠覆性技术供给。颠覆性技术已经超出了对原有技术和用途的扩展，是以新技术淘汰旧技术，对现状产生根本性、革命性的变革。颠覆性技术与国家战略、科学革命始终存在密切联系，从国

---

① 习近平:《在中国科学院第二十次院士大会、中国工程院第十五次院士大会、中国科协第十次全国代表大会上的讲话》,《人民日报》2021年5月29日。

家视角看，颠覆性技术是重塑未来格局的革命性力量，对提升国家军事实力、产业竞争力和人民生活水平等各个方面都能起到重大影响。历史充分证明，只有突破颠覆性技术才能率先占据技术制高点，也才能掌握未来发展的主动权。党的十九大报告，明确提出要从国家战略角度重视加强颠覆性技术创新和颠覆性技术供给。面向未来，聚焦打赢关键核心技术攻坚战的直接目标，以颠覆性技术替代"卡脖子"技术并化解"卡脖子"技术难题具有决定性意义。必须充分认清颠覆性技术在与其他三类关键核心技术进行比较时，具有更强的基础性和突变性特征。一方面，基础性意味着颠覆性技术的产生往往来源于基础理论的重大突破。只有在科学理论的正确指导下，在寻求新原理的目标驱使下，通过不断加强自由探索和目标导向有机结合的基础研究，才能为颠覆性技术创新提供动力源泉。另一方面，突变性意味着颠覆性技术是在非连续性状态下形成的技术突袭，开辟了新的技术领域，这反映出颠覆性技术的发展通常带有"一波三折"的不确定性，需要久久为功的持续攻关。在技术研发过程中要持续加大投入力度，注重完整布局和支持从基础研究到实际应用的科技创新全链条，适应其高投入、长周期的研发特点。要跳出传统的技术管理观念，充分考虑到资源、市场等多重因素的影响。此外，颠覆性技术创新还伴随着大量的技术集成和技术转移，取得颠覆性技术突破并最终实现"换道超车"，同样需要依靠多学科、跨领域的集智攻关。

（二）基本目标：更好统筹高质量发展和高水平安全

关键核心技术问题是关系我国经济社会高质量发展与国家安全的重大战略问题。从国内来看，中国正处于经济转型时期，宏观经济形势存在下行压力，只有以培育新质生产力为导向，加强原创性、颠覆性科技创新，打好关键核心技术攻坚战，才能不断增强高质量发展的科技硬实力。[①] 从国际来看，全球化和国际贸易形势不容乐观，各国之间的科技竞争正在加剧。安全是发展的基础，发展是安全的条件，统筹高质量发展和高水平安全，是新时代牵引带动我国坚决打赢关键核心技术攻坚战的首要目标导向。

打赢关键核心技术攻坚战为引领新时代经济高质量发展输出强大动力。习近平总书记强调，"以科技创新催生新发展动能……大力提升自主创新能力，尽快突破关键核心技术，这是关系我国发展全局的重大问题，也是形成以国内大循环为主体的关键"[②]。第一，打赢关键核心技术攻坚战必须以推动经济高质量发展为首要目标。从攻关的角度分析，党的十八大以来，尽管我国科技事业发生了历史性、整体性、格局性重大变化，但关键核心技术攻关能力对标主要发达国家仍有差距。以习近平同志为核心的党中央将国家战略需求与科技攻关紧密联系在一起，强调要坚决打赢关键核心技术攻坚战。从发展的角度分析。党的二十大报告提出，高质量发展是全面建设社会主义现代化国家的首要任务。只有始终抓住经济建设这个中心，推动经济高质量发展，才能为全面建成社会主义现代化强国提供坚实的物质技术基础。因此，推动关键核心技术攻关必然要以实现经济高质量发展为己任。第二，打赢关键核心技术攻坚战是推动实现高质量发展的必然选择。一方面，推动关键核心技术攻关是适应新发展阶段的时代需要。随着我国开启全面建设社会主义现代化国家新征程，我们正前所未有地接近实现中华民族伟大复兴的目标，这就需要持续解放和发展社会生产力，依靠关键核心技术攻关为引领新时代经济高质量发展输出强大动力。对此，习近平总书记指出，"用科技创新保持产业链供应链运行，用加快突破

[①] 阴和俊：《让科技创新为新质生产力发展注入强大动能》，《求是》2024年第7期。
[②] 习近平：《论把握新发展阶段、贯彻新发展理念、构建新发展格局》，中央文献出版社2021年版，第373页。

第四章
紧迫任务：坚决打赢关键核心技术攻坚战

'卡脖子'的关键核心技术保证经济安全、推动实现高质量发展"[1]。关键核心技术突破是实现高质量发展的基石。立足发展阶段，只有在党的领导下，集中力量打好关键核心技术攻坚战，才能不断拓展发展空间和优势，加快形成以创新为引领和支撑的经济体系和发展模式，也才能向着实现中华民族伟大复兴的中国梦不断迈进。另一方面，推动关键核心技术攻关还是构建新发展格局的实践需要。打赢关键核心技术攻坚战是确保国内大循环畅通、塑造我国在国际大循环中新优势的关键。习近平总书记强调，"提升自主创新能力，尽快突破关键核心技术，是构建新发展格局的一个关键问题"[2]。唯有实现关键核心技术自主可控，进而实现科技自立自强，才能为构建新发展格局提供关键支撑。

打赢关键核心技术攻坚战为维护和塑造国家安全提供强大科技支撑。习近平总书记深刻指出，"只有把核心技术掌握在自己手中，才能真正掌握竞争和发展的主动权，才能从根本上保障国家经济安全、国防安全和其他安全"[3]。科技创新，尤其是关键核心技术对我国来说，既是发展问题，也是安全问题、生存问题。第一，科技安全是国家安全的重要保障。基于对总体国家安全观内涵的全面把握，国家安全既包括重点传统领域安全，也涵盖了新兴领域安全，科技安全作为国家安全的重要组成部分，同时起到支撑和保障其他领域安全的关键作用。中国特色社会主义进入新时代以来，关键领域核心技术受制于人的格局没有从根本上得到改变，导致与新时代对科技安全提出的新要求不相适应。因此，打赢关键核心技术攻坚战亟须以支撑和保障国家安全为重要目标。第二，只有聚焦重大需求突破关键核心技术，才能把握

---

[1] 习近平：《论把握新发展阶段、贯彻新发展理念、构建新发展格局》，中央文献出版社2021年版，第457页。

[2] 习近平：《论把握新发展阶段、贯彻新发展理念、构建新发展格局》，中央文献出版社2021年版，第400页。

[3] 《习近平关于科技创新论述摘编》，中央文献出版社2016年版，第36页。

安全的主动权。新时代中国共产党部署推进关键核心技术攻关任务,聚焦的是关系国计民生的重点领域,旨在维护和塑造国家安全。具体而言,在种业安全方面,围绕种源等农业关键核心技术持续攻关,聚力攻克基因编辑、转基因、智能育种等前沿领域关键核心技术,为种业振兴提供了强大科技支撑;在能源安全方面,我国能源科技自主创新不断迈出坚实步伐,核电领域关键技术相继取得突破,切实保障了国家能源安全;在国防安全方面,凭借关键核心技术的全面突破,新时代我国不断打赢国防安全领域关键核心技术攻坚战,加快了武器装备现代化建设进程,为把握军事竞争和军事安全的主动权发挥了重要作用。实践充分证明,推动关键核心技术攻关对于保障国家总体安全具有重大意义。

(三)战略目标:建设高水平科技自立自强的科技强国

打赢关键核心技术攻坚战的战略目标是为实现高水平科技自立自强和世界科技强国建设提供强有力的现实支撑。习近平总书记对加快实现高水平科技自立自强作出了一系列战略部署。党的二十大报告明确了到2035年我国发展总体目标和未来5年目标任务。就科技发展而言,未来5年,科技自立自强能力显著提升;到2035年,我国科技实力大幅跃升,实现高水平科技自立自强,进入创新型国家前列,建成科技强国。着力打造高水平自立自强技术体系,要求持续加强原创性引领性科技攻关,坚决打赢关键核心技术攻坚战。坚持把科技自立自强作为国家发展的战略支撑,作为中国特色自主创新道路的新要求,也就从根本上明确了我们党领导推动关键核心技术攻关的任务使命。

摆脱受制于人的被动局面以实现科技自立。科技自立可以理解为建立在底线思维基础上的发展目标,创新要自力更生,而支撑创新发展的科技更要自立自强,不能受制于人。尤其对于关键核心技术而言,支撑技术突破的基础科学研究必须遵循自主和自立的基本原则,这是

第四章
紧迫任务：坚决打赢关键核心技术攻坚战

攻克当前"卡脖子"技术难题的唯一选择。第一，以科技自立为首要目标体现了对突破关键核心技术问题的清晰认知。自立的前提是保持自知和自危。必须清醒认识到，围绕国计民生、国家安全等战略性领域打赢关键核心技术攻坚战，不能指望其他国家帮助，必须以主动承担、积极作为的态度，发挥我国社会主义制度能够集中力量办大事的显著优势，在若干重要领域形成协同攻关的合力。第二，达到科技自立的前提是在关键核心技术领域实现自主可控，以防受到他国的遏制和打压。其中既包括产业链关键技术的自主可控，也包括创新链基础技术和信息的自主可控。只有紧盯实现科技自立的目标加快攻关进度，才能有效避免国家的安全和发展受到威胁。第三，准确识别并尽快突破当下国之所需的关键核心技术是实现科技自立的必然要求。从技术维度看，关键核心技术的内在特征决定了其影响和制约着其他众多技术突破，解决关键核心技术"卡脖子"问题，等同于突破一系列关键核心技术组成的技术体系。因此，一旦某项核心技术在短期内与别国存在较大技术差距且遭受封锁打压，表现出现实紧迫性和重要性的一面，则会发展演变为"卡脖子"的不利局面。只有紧盯科技自立目标，区分关键核心技术攻关的轻重缓急，为下一步生成主攻方向实施路线图提供目标指引，才能奋力突围破解当前"卡脖子"难题。

培育和建立系统优势以实现科技自强。科技自强可以理解为建立在领跑思维基础上的发展目标，打赢关键核心技术攻坚战不仅要实现科技自立，也要不断推进科技自强，二者并非完全依照时间先后，从一个任务过渡到下一个任务，而是相互补充、互为支撑，形成两大任务的整体推进。一方面，实现科技自立可以为科技自强提供重要资源保障；另一方面，通过进一步聚焦前瞻性领域推动关键核心技术攻关，更多地实现科技领跑，从而为某些跟随领域的科技自立保驾护航。打赢新时代关键核心技术攻坚战，并非一味追求在所有领域实现全面领先、全局领跑，而是突出国家重大战略需求导向作用，尤其要聚焦世界科技前沿领域培育形成系统优势。第一，关键核心技术攻关除了表现出其现实紧迫性的一面，还需面向世界科技前沿不断开辟新的认知疆域。打赢关键核心技术攻坚战是一项复杂的系统工程，设定关键核心技术攻关目标同样要综合考量关键核心技术的领域分布、任务类型、攻关周期等各个方面。对属于世界科技前沿领域的关键核心技术要更加突出超前规划布局、统筹资源力量，选准非对称发展战略目标，将关键性技术难题转化为"杀手锏"。第二，实现科技自强目标需要着眼长远、久久为功。从科技自立到科技自强是一个有机统一的推进过程，正如推动关键核心技术攻关既要关注有可能在短期内形成突破的"卡脖子"问题，又要重视有赖于长远规划和持续攻关的前瞻性、战略性问题，实现科技自强更加侧重于后者。

二、打赢关键核心技术攻坚战的主攻方向

关键核心技术攻关不仅要察战略之势，还要定战略之向。2021年3月，《中华人民共和国国民经济和社会发展第十四个五年规划和2035年远景目标纲要》正式发布，其中围绕加强原创性引领性科技攻关，提出应当在事关国家安全和发展全局的基础核心领域，实施一批具有前瞻性、战略性的国家重大科技项目，从国家急迫需要和长远需求出发，集中优势资源攻关一批关键核心技术。2024年政府工作报告指出，"瞄准国家重大战略需求和产业发展需要，部署实施一批重大科技项目"[①]。新时代打赢关键核心技术攻坚战的主攻方向，既要聚焦"卡脖子"，在经济社会发展中亟须攻克的技术短板上"快速突破"，又要着眼"制高点"，在面向新科技革命前沿方向的技术长板上"久久为功"，同时还要基于关键核心技术演变规律构建动态调整机制，从而形成锻"长板"

---

① 《政府工作报告》，《人民日报》2024年3月13日。

与补"短板"相结合的系统性战略布局。

（一）聚焦"卡脖子"，从国家急迫需要和长远需求出发解决实际问题

打赢关键核心技术攻坚战要奔着最紧急、最急迫的问题去。新中国成立以来，我国科学技术事业发展历经了从"向科学进军"到"开启建设世界科技强国新征程"的历史进程，科技发展取得了举世瞩目的伟大成就。但一些关键核心技术领域与世界先进水平还存在较大差距，核心技术受制于人的局面未得到根本性扭转。与此同时，我国经济社会发展、民生改善、国防建设等领域面临许多需要解决的现实问题。习近平总书记多次指出，"研究方向的选择要坚持需求导向，从国家急迫需要和长远需求出发，真正解决实际问题"[1]。只有切实聚焦于"卡脖子"技术短板，将其作为主攻方向和突破口，部署实施一批重大科技专项和关键核心技术攻关任务，才能彻底摆脱部分行业高端环节大量依赖进口的不利局面，有效规避我国产业链供应链面临的断链风险。

一是聚焦制约经济社会发展的"卡脖子"问题。聚焦解决瓶颈制约、支撑国家重大需求是打赢关键核心技术攻坚战的首要任务。党的十八大以来，中国共产党领导关键核心技术攻关聚焦我国经济社会发展的瓶颈制约，填补了一批科技领域战略性空白。例如，港珠澳大桥建成通车、川藏铁路顺利实施对于促进相关地区经济快速发展具有重大意义；新型核电技术不断取得突破为国家能源安全提供有力保障；"深海一号"能源站正式投产扭转了我国在南海油气开发中的被动局面。然而，关键核心技术"卡脖子"问题仍然是制约我国经济社会发展的巨大障碍，甚至成为了威胁国家经济安全的"命门"。打赢关键核

---

[1] 习近平：《论科技自立自强》，中央文献出版社2023年版，第239页。

心技术攻坚战首先就要直面制约经济社会发展的"卡脖子"问题。要充分认清当前在中美关系博弈不断白热化的背景下，我国信息通信、新材料、工业核心零部件等领域自主创新能力还严重不足，依赖于技术引进、联合研发和技术吸收的传统创新模式亟待改变。必须以涉及国家安全和经济社会发展的重大科技问题为切入点，着力将制约我国产业转型升级、处于国家经济安全和价值链关键环节的"卡脖子"技术和国外出口管制清单转化为关键核心技术攻关任务清单，通过加快攻克"卡脖子"难题，强化产业链供应链韧性。此外，推动关键核心技术攻关还要聚焦与国家安全和经济社会发展紧密相关的生物医药领域、信息技术领域、新材料技术领域、先进制造业领域、先进能源技术领域、海洋技术领域、激光产业领域、航空航天领域等战略必争领域，率先突破国家战略导向型的"卡脖子"关键核心技术。

二是聚焦制约民生改善的"卡脖子"问题。为人民健康福祉提供有力保障是打赢关键核心技术攻坚战的重要使命。习近平总书记指出，"科学研究既要追求知识和真理，也要服务于经济社会发展和广大人民群众"[1]。种源等农业关键核心技术攻关的不断推进，在巩固拓展脱贫攻坚成果和乡村振兴发展中持续发挥着重要作用。在重大疾病防治方面，聚焦癌症、心脑血管、呼吸和代谢性疾病等重点领域和临床专科建立了50个国家临床医学研究中心，癌症、白血病、耐药菌防治等领域打破国外专利药垄断。习近平总书记指出，"我国经济社会发展和民生改善比过去任何时候都更加需要科学技术解决方案，都更加需要增强创新这个第一动力"[2]。新时代中国共产党领导推动关键核心技术攻关，始终坚持以人民为中心的发展思想，面向人民生命健康，为满足民生改善的紧迫需求提供更多高水平科技供给，致力于从民生改善的实践中

---

[1] 习近平：《论把握新发展阶段、贯彻新发展理念、构建新发展格局》，中央文献出版社2021年版，第116页。

[2] 习近平：《在科学家座谈会上的讲话》，《人民日报》2020年9月12日。

第四章
紧迫任务：坚决打赢关键核心技术攻坚战

凝练关键核心技术攻关方向。具体而言，要围绕乡村振兴战略的实施，聚焦生物育种、耕地质量、智慧农业、农业机械设备等领域科技需求，加快研发一批关键核心技术及产品，尤其要继续大力开展种源"卡脖子"技术攻关；要围绕健康中国战略的实施，持续推进重大疾病和传染病防治关键核心技术攻关，为人民群众生命健康提供科技保障；要聚焦美丽中国建设，加强大气、水、土壤、化学品风险防控等环境领域关键核心技术攻关，为加快生态文明建设提供科技支撑。

三是聚焦制约国防建设的"卡脖子"问题。我们党始终高度重视关键核心技术在国防和军队建设中的重要作用。关键核心技术是军队最直接的核心战斗力，军事领域是尖端科技的应用前沿，也是各国科技力量的重要角力场，要依靠打赢关键核心技术攻坚战，把我军发展命脉牢牢掌握在自己手中。习近平总书记指出，"真正的核心关键技术是花钱买不来的，靠进口武器装备是靠不住的，走引进仿制的路子是走不远的"[①]。近年来，尽管我军建设科技含量不断提高，但关键核心技术供给不足的问题仍然存在。"要增强创新自信，坚持以我为主，从实际出发，大力推进自主创新、原始创新，打造新质生产力和新质战斗力增长极。"[②] 在新一轮军事科技革命加速推进、信息化武器装备快速发展的趋势背景下，必须将国防科技领域需求作为发现、研判和确定关键核心技术的基本依据，聚焦备战打仗，判明打赢关键核心技术攻坚战的方向和重心。要切实聚焦国防科技领域的薄弱环节，密切关注我军联合作战的瓶颈，瞄准尖端武器装备研制中的"卡脖子"技术难题，找准主攻方向和突破口。要坚决贯彻有所为有所不为的方针，紧盯影响战争胜负的关键因素，加强军事科技创新的总体筹划和科学设计，以重大课题、重大项目为牵引，加强前瞻性、先导性、探索性、颠覆

[①] 《习近平关于科技创新论述摘编》，中央文献出版社2016年版，第43页。
[②] 《强化使命担当 深化改革创新 全面提升新兴领域战略能力》，《人民日报》2024年3月8日。

性的重大技术研究，努力打赢国防科技领域关键核心技术攻坚战，推动我军武器装备升级换代，带动新质战斗力的不断生成。

（二）着眼"制高点"，前瞻部署事关国家发展和安全的基础核心领域

在新一轮数字科技革命和产业智能化变革的大潮中，推进关键核心技术攻关需要从战略高度、以战略思维系统谋划其主攻方向。打赢关键核心技术攻坚战不仅要聚焦当前"卡脖子"，也要着眼未来"制高点"。习近平总书记明确提出，"要在事关发展全局和国家安全的基础核心领域，前瞻部署一批战略性、储备性技术研发项目，瞄准未来科技和产业发展的制高点"[①]。将抢占"制高点"作为打赢关键核心技术攻坚战的主攻方向，就是要充分聚焦基础核心领域，密切跟踪新一轮科技革命和产业变革方向，对关系根本和全局的科学问题进行超前布局，集合精锐力量率先取得突破。既需要分析研判我国未来有希望引领科技发展、构筑竞争"长板"的优势领域，也需要推动新知识和新技术深度连接和耦合发力，在一些战略性领域形成有中国特色的新技术、新需求与新架构，在国际科技格局中形成局部的竞争动态均衡。

一是瞄准未来科技和产业发展的制高点。打赢关键核心技术攻坚战不能仅仅停留在实验室之中，而是要将攻关成果转化为推动经济社会发展的现实动力。瞄准未来科技和产业发展的制高点，就是要以关键核心技术攻关助力企业转型升级，着力解决产业发展面临的科技难题。第一，要组织对具有先发优势的基础前沿技术进行全力攻坚。实践证明，基础前沿方向的重大突破彰显了我国科技实力的显著跃升。党的十八大以来，随着目标导向型基础研究和关键核心技术攻关更多聚焦于形成未来竞争优势的战略性前沿方向，我国在若干前沿方向上

[①] 《习近平谈治国理政》第4卷，外文出版社2022年版，第198页。

第四章
紧迫任务：坚决打赢关键核心技术攻坚战

陆续取得了一批具有国际影响力的重大成果。瞄准未来科技制高点抢抓先机，必须围绕基础前沿和交叉领域前瞻布局，要争取成为这些重要领域的开拓者、领跑者，从而构筑起支撑高端引领的先发优势。第二，要瞄准战略性新兴产业加大关键核心技术攻关力度。高质量科技供给能够为产业发展和现代化经济体系建设注入强劲动能。当前，我国先进制造、新材料、能源、交通等领域关键核心技术攻关成效显著，高端产业发展一再取得突破。瞄准产业发展制高点打赢关键核心技术攻坚战，应当充分利用现有创新资源和产业优势，做到根植于现有产业而面向未来产业发展，且要顺应人类技术演进的逻辑规律。未来产业技术并非"空中楼阁"，一旦取得突破性进展，就会快速成长为支撑引领其他产业的战略性新兴产业，推动关键核心技术攻关要抢先一步布局尚未成熟的未来产业技术，以关键核心技术的重大突破引领战略性新兴产业发展壮大、构筑产业发展新动能新优势。

二是瞄准关系根本和全局的战略制高点。习近平总书记指出，要"围绕国家重大战略需求，着力攻破关键核心技术，抢占事关长远和全局的科技战略制高点"[①]。不同于从国家急迫需要和长远需求出发解决"卡脖子"的现实问题，抢占科技战略制高点更在于跳出仅仅聚焦"卡脖子"困境的局限，在坚持问题导向、需求导向的同时强化战略导向和前瞻引领。党的十八大以来，各类攻关主体始终以国家战略为引领，支撑打赢关键核心技术攻坚战，我国在载人航天、探月工程、北斗导航、载人深潜等重点方向上接续取得重大科技成就。无论是攻克"卡脖子"还是抢占"制高点"，瞄准国家重大战略需求，找准关系国家发展根本和全局的攻关方向都是必要之举。要依靠原创性引领性关键核心技术攻关破解事关我国发展全局的重大问题，培育建立支撑高端引领的先发优势，牢牢掌握创新发展主动权。要系统布局关系根本和

[①] 《习近平著作选读》第1卷，人民出版社2023年版，第493页。

全局的科学技术重大项目和关键核心技术研发，聚集各方面资源在能源安全、种业安全、生物安全、量子信息、脑科学、生物育种、空天科技、深地深海等事关国家安全和长远发展的领域展开联合攻关，通过积极组织开展变革性、颠覆性技术研发，努力在重大战略领域建立科技优势，从而为未来彻底解决"卡脖子"问题提供战略性技术储备，争取赢得战略主动。[①]

（三）把握"动态性"，基于关键核心技术演变规律构建动态调整机制

打赢关键核心技术攻坚战，既需要目标导向也要依靠持之以恒地探索。只有通过不断攻关、不断调整，逐步迭代循环，才能最终逼近正确目标。进一步探究聚焦"卡脖子"和着眼"制高点"的关系，"卡脖子"技术长久得不到突破会直接加大抢占未来科技制高点的难度，而缺少对关系根本和全局的科技战略制高点进行前瞻布局，则会演变为未来"卡脖子"的难题。二者并非相互割裂、彼此对立，而是需要在攻关过程中科学统筹，理解其相互推动、相互转化的动态性特征。关键核心技术攻关是一场持久战，必须坚持系统观念，基于关键核心技术演变规律，贯通现实和未来构建动态调整机制，从而精准找到打赢关键核心技术攻坚战的突破口和发力点。

一是要把握技术发展自身规律。关键核心技术发展处于动态变化之中，在不同时期由不同内容构成。从技术层面看，关键核心技术兼具重要价值和统领地位，主要包括基础技术、通用技术、非对称技术、"杀手锏"技术、前沿技术和颠覆性技术。然而，一项关键核心技术又可以被看作一个由成百上千个紧密耦合的点技术所构成的技术网络，这些技术相互关联并形成一个动态演进的完整系统，这使得现在的某

[①] 参见王涛、董晓辉：《深入实施创新驱动发展战略》，《红旗文稿》2022年第15期。

第四章
紧迫任务：坚决打赢关键核心技术攻坚战

项前沿技术有可能演化为未来的通用技术或基础技术，而随着现阶段关键核心技术的不断推进，多项技术之间相互促进，形成技术组合，又能催生出新的前沿技术和颠覆性技术。因此，精准确定打赢关键核心技术攻坚战的主攻方向，必须掌握关键核心技术发展的自身规律。以信息领域为例，关键核心技术的发展呈现与梅特卡夫定律类似的非线性增长特征，其价值将随着集成的功能、模块、算法等点技术的数量增加而不断提高。[①] 其实，大部分领域的关键核心技术在持续迭代优化的过程中，其技术网络规模也依照梅特卡夫定律不断扩大。把握技术发展的自身规律，有助于充分理解关键核心技术发展的动态性特征，这对于进一步明确攻关方向有着重要意义。要积极适应科技创新，尤其是关键核心技术的迭代趋势和内在规律。必须充分认清关键核心技术和"卡脖子"技术既不能在横向的各个领域上以统一的标准进行甄选识别，也不能在纵向的各个历史时期上以相同的攻关方式和手段去简单套用，打赢关键核心技术攻坚战，要争取找到符合不同领域关键核心技术各异的发展水平和发展规律的主攻方向。

二是关注世界科技变革趋势。在新一轮科技革命和产业变革孕育兴起的今天，努力追赶或站上世界科技前沿，这是我们打赢关键核心技术攻坚战的主攻方向。习近平总书记指出，"新科技革命和产业变革将是最难掌控但必须面对的不确定性因素之一，抓住了就是机遇，抓不住就是挑战"[②]。近年来，美国、北约、欧盟等国家和国际组织陆续展开对未来科技发展趋势的预测和研判，发布了技术预测研究报告。我国自2019年启动了2021—2035年国家中长期科技发展规划的编制工作，把握世界发展特征、中国特色和新时代的阶段特点是规划战略研究的突出重点。立足当下，前瞻布局打赢未来关键核心技术攻坚战，必须始终紧盯全球科技创新和技术格局的变革趋势，围绕世界科技强

[①] 参见包云岗：《关键核心技术的发展规律探析》，《中国科学院院刊》2022年第5期。
[②] 《习近平关于科技创新论述摘编》，中央文献出版社2016年版，第78页。

国建设的宏伟目标，将主攻方向聚焦于把握代表世界科技前沿、经济高质量发展和国防实力的高新技术领域。要加强面向未来前沿科技发展态势的预测和识别，将其作为精准定位打赢关键核心技术攻坚战主攻方向的一项基本前提。同时还要密切关注世界上主要发达国家和地区在人工智能、生物技术、太空技术、量子技术等前沿科技领域的重点研究方向，为我国制定相应的科技发展战略，有针对性地动态调整和优化关键核心技术攻关方向提供重要参考。

三是制定技术攻关动态清单。在严格遵循技术发展自身规律并充分把握世界科技变革趋势的基础上，制定技术攻关动态清单是明确关键核心技术攻关方向的具体办法举措。以美国为例，2020年10月，美国发布《关键与新兴技术国家战略》，明确了高级计算、先进常规武器技术、高级工程材料等20项关键与新兴技术的清单，并将这20个技术领域作为其工作的优先事项，国家安全委员会主要负责协调并统筹技术清单的审查和更新工作。2022年2月，新版《关键和新兴技术（CET）清单》进行了首次更新。在最新的技术清单中新增了先进核能技术、可再生能源技术、超音速技术等，删除了先进常规武器技术、医疗技术、农业技术等。对于我国而言，2006年2月，国务院发布《国家中长期科学和技术发展规划纲要（2006—2020年）》，确定了核心电子器件、高端通用芯片、重大新药创制、大型飞机等16个重大专项，涉及信息、生物等战略产业领域，能源资源环境和人民健康等重大紧迫问题。2016年5月，中共中央、国务院印发《国家创新驱动发展战略纲要》，提出面向2020年，攻克高端通用芯片、高档数控机床等关键核心技术；面向2030年，在量子通信、信息网络等领域进行充分论证和再部署。可见，正如新技术只有在替代旧技术的过程中才能带来创新发展格局的深刻变革，关键核心技术清单也需要与时俱进地滚动更新，从而为后续全力推动颠覆性、开创性、引领性突破选准优先方向。必须深刻认识到，全球科技创新正经历新一代信息技术加速突破、生命科学领域孕育新变革、先进制造技术不断发展、空间和海洋技术拓展新疆域的关键时期。科学制定技术攻关动态清单要敏锐把握全球科技创新的大趋势，研判新一轮科技革命和产业变革的演化趋势，抓住不同学科领域日益交叉融合的必然趋势。要通过建立关键核心技术攻关动态调整机制，在"卡脖子"和"制高点"的基础性、战略性领域做到科学统筹、超前谋划，确保始终聚焦国家战略需求，始终集中精锐力量打好关键核心技术攻关主动仗。

三、打赢关键核心技术攻坚战的思路举措

当前，推动关键核心技术攻关是一项极为重要且紧迫的战略任务。从国内环境看，我国经济社会发展、民生改善、国防建设面临许多需要解决的现实问题，与之相关的关键核心技术急需抓紧推进；从国际形势看，各国为抢占科技制高点，全球科技竞争和博弈日趋激烈，创新要素国内国际双循环面临割裂风险，亟待全力攻关和破解制约发展的关键核心技术。2024年政府工作报告强调，"推进关键核心技术协同攻关，加强颠覆性技术和前沿技术研究"[①]。克服当前面临的困难和不足，打好新时代关键核心技术攻坚战，需要综合体制优势、能力构建、创新生态、攻关人才等各个方面科学提出思路对策，以期形成关键核心技术攻关强大合力。

（一）发挥关键核心技术攻关新型举国体制优势

新型举国体制是我国打赢关键核心技术攻坚战的制度保障和强大政治优势。发挥新型举国体制优势有利于调动创新资源集中攻关，加快科技补短板、扬长项，破解"卡脖子"、练就"杀手锏"，为打赢关

---

① 《政府工作报告》，《人民日报》2024年3月13日。

键核心技术攻坚战奠定了制度基础、注入了强大动力。进入新时代以来，以习近平同志为核心的党中央高度重视打好关键核心技术攻坚战，明确要求在社会主义市场经济条件下不断完善关键核心技术攻关新型举国体制。党的十九届四中全会提出"强化国家战略科技力量，健全国家实验室体系，构建社会主义市场经济条件下关键核心技术攻关新型举国体制"[①]。党的十九届五中全会进一步细化提出"健全社会主义市场经济条件下新型举国体制，打好关键核心技术攻坚战，提高创新链整体效能"[②]。2022年9月，中央全面深化改革委员会第二十七次会议提出"健全关键核心技术攻关新型举国体制，要把政府、市场、社会有机结合起来，科学统筹、集中力量、优化机制、协同攻关"[③]。这为充分发挥关键核心技术攻关新型举国体制优势提供了基本遵循。

首先，科学统筹是前提，要发挥党和国家重大科技创新组织者作用。2021年12月修订的《中华人民共和国科学技术进步法》明确提出，"国家完善关键核心技术攻关举国体制，组织实施体现国家战略需求的科学技术重大任务，系统布局具有前瞻性、战略性的科学技术重大项目，超前部署关键核心技术研发"[④]。在国家发展的战略全局中，需要依靠关键核心技术攻关来实现破题的领域十分广泛，充分发挥国家作为重大科技创新组织者的作用，就意味着坚持战略性需求导向，始终以全面、辩证、长远的战略眼光去审视、分析和研判，以解决制约国家发展和安全的重大难题为着力点确定攻关方向。由国家领衔重大科技创新组织者的角色，可以快速高效形成自上而下的组织动员体系，集中最尖端力量开展原创性、引领性、战略性科技攻关。要充分发挥国

---

① 《十九大以来重要文献选编》（中），中央文献出版社2021年版，第282页。
② 《十九大以来重要文献选编》（中），中央文献出版社2021年版，第793页。
③ 《健全关键核心技术攻关新型举国体制　全面加强资源节约工作》，《人民日报》2022年9月7日。
④ 《中华人民共和国科学技术进步法》，《人民日报》2021年12月27日。

第四章　紧迫任务：坚决打赢关键核心技术攻坚战

家作为组织者的独特优势，克服单一部门在组织协调关键核心技术攻关时所面临的领域多元、部门分散、行业各异的局限，要立足于把握打赢关键核心技术攻坚战的重点领域和核心环节，做到快速集结资源力量、快速投入攻关战斗、快速产出重大战果。

其次，集中力量是要点，要大幅提升关键核心技术攻关体系化能力。打赢关键核心技术攻坚战需要以系统思维构建体系化的关键核心技术攻坚能力。一是要增强打赢关键核心技术攻坚战的体制应变能力。要继续推进实施科技体制改革三年攻坚行动，从体制机制上增强应急应变能力，探索并优化决策指挥、组织管理、人才激励、市场环境等方面体制机制创新，构建起资源高效配置的新型国家创新体系，从而补足体制应变能力方面的问题短板。二是要增强打赢关键核心技术攻坚战的产学研用结合能力。打破科技与经济两张皮的困境是打赢关键核心技术攻坚战的必然要求。要强化以企业为主体、以产业引领前沿技术和关键共性技术突破的地位和作用，同时强化高水平研究型大学和国家级科研机构在创新源头中的驱动作用。通过鼓励产学研各类创新主体广泛开展项目合作、积极推动技术入股，建立产业技术创新战略联盟等，加快布局高效完备的创新产业链。三是要聚焦打赢关键核心技术攻坚战，增强科技创新管理能力。要切实以"抓战略、抓规划、抓政策、抓服务"为导向推动政府科技管理职能转变，突出抓好宏观统筹和重大任务组织实施的同时减少分钱、分物、定项目等直接干预。要将大幅提升关键核心技术攻关体系化能力与推进科技创新治理体系和治理能力现代化有机结合起来，完善科技创新战略体系、改革体系、规划体系、服务体系，支撑保障打赢关键核心技术攻坚战。

再次，优化机制是基础，要推动有效市场和有为政府更好结合。一方面，要充分借助市场机制的有利作用。市场在资源配置中起决定性作用是市场经济的一般规律，要以市场需求为导向，不断强化企业在关键核心技术攻关中的主体地位。要用足用好我国超大规模市场优势，将其作为促进关键核心技术攻关的重要动力，在分摊科研攻关投入成本和加快攻关成果转化等方面发挥更大作用。另一方面，要发挥好政府在关键核心技术攻关中的组织作用。打赢关键核心技术攻坚战需要把政府、市场和社会力量有机结合起来，对于政府而言，要坚持需求和问题导向，形成高效有力的有组织科研，构建科学合理、深度交叉的科研组织体制机制。要在加快转变政府科技管理职能中，实现科研攻关投入主体多元化、管理制度现代化以及用人机制灵活化。此外，还要通过不断深化科技体制改革给予创新主体更多自主权，在具有战略性的重点项目管理上，探索并优化"揭榜挂帅""赛马制""包干制"等制度机制，形成正向引导、激励攻关的政策环境和社会氛围。

最后，协同攻关是途径，要探索关键核心技术攻关的高效协同新模式。面对日趋复杂的国际博弈环境，聚焦打赢关键核心技术攻坚战，只有不断提升国家战略科技力量的协同创新效率，探索面向关键核心技术领域的高效协同模式，才能牢牢掌握创新发展主动权。在制度设计层面，要提高对各部门、各领域战略科技力量的统筹协调和组织动员能力。在由国家充当重大科技创新组织者角色的基础上，组建高层次的组织协调部门，在面对中央与地方，政府、市场与社会之间沟通协调不畅等问题上，出台有针对性的措施办法。科技政策要更加聚焦打赢关键核心技术攻坚战，聚焦自立自强，在精准划定重大攻关方向之后，坚决破除战略科技力量归口部门、战略科技任务牵头部门与战略科技资源管理部门之间的协作壁垒，提高政策供给普适性和精准性。在机制建设层面，要加快推进国家战略科技力量协同机制建设。提高关键核心技术攻关效率必须完善产业创新协同机制，尤其要着重加强科技领军企业主导协同机制建设，赋予企业在重大技术需求、经费分配等方面更大的决策权和支配权，从而为找准制约我国产业发展的科学问题和技术难题，推动科研攻关成果转移转化提供机制保障。

（二）形成以全球视野支撑攻关的开放创新生态

打赢关键核心技术攻坚战必须顺应国际科技合作的大趋势。习近平总书记在党的二十大报告中提出，"扩大国际科技交流合作，加强国际化科研环境建设，形成具有全球竞争力的开放创新生态"[①]。为构建更大范围、更宽领域、更深层次、更高水平的科技创新开放合作新格局指明了方向。开放既是国家繁荣发展的必由之路，也是加快关键核心技术突破的重要保障，只有进一步深化创新开放合作，才能在更高起点上推进关键核心技术攻关。要深度融入全球创新网络，充分利用全球创新资源，与多个国家开展关键核心技术联合攻关，形成全方位、多层次、广领域的科技开放合作格局。同时，还要积极参与全球科技创新治理，全面提高我国科技创新的全球化水平和国际影响力。

要深度融入全球科技创新网络。深度融入全球创新网络是巩固和提升国际竞争主动权、话语权的重要战略途径。在更大范围、更广领域、更高层次上融入全球创新网络并充分利用全球创新资源，在国际创新格局中承担更大的使命和责任，有利于提升原始创新能力、产业关键核心技术创新能力以及科技成果转化能力。要以全球视野谋划打好关键核心技术攻坚战，强化整合全球创新资源的能力。既要围绕关键核心技术领域，精准引进科技领军人才，开展国际科技人才的交流与合作，又要通过布局建设国际创新资源开放合作平台，鼓励有实力的创新主体"走出去"，加快关键核心技术的国际转移。重点在于引导科技领军企业围绕技术长板进行全球布局，集中资源力量攻关关键共性技术以及针对未来产业发展的薄弱环节，不断提高其核心竞争力，掌握科技反制手段。针对关键核心技术的突破，要不断提高技术创新合作的层次水平，支持企业大力发展海外研发中心，集聚整合各国资

[①] 习近平：《论科技自立自强》，中央文献出版社2023年版，第291页。

源优势联合攻关。要通过并购、合资、参股国外企业和研发机构等形式，高效利用全球创新资源，促使其逐步迈进全球创新链中高端。[1] 坚持以全球视野谋划和推动关键核心技术攻关，全方位加强国际科技创新合作，不仅要以企业为主体，聚焦全球一流创新技术和研发平台建设，全力打造高水平国际联合研发基地，同时也要发挥高水平研究型大学和国家科研机构各自的独特优势，通过共建联合研究机构、科技园区、数据共享平台等，积极主动融入全球创新网络，加快构建并完善全方位、深层次的国际科技创新合作格局。

要积极参与全球科技创新治理。针对关键核心技术攻关的创新合作是全球科技创新治理的重要内容。深度参与全球科技创新治理，就是要持续增强参与全球科技创新治理规则制定的实力和能力，提高国家科技计划对外开放水平，积极参与和主导国际大科学计划和大科学工程，从而全面提升我国在全球创新格局中的位势。要引导和鼓励国家战略科技力量中的各类具有不同资源优势的创新主体，积极参与到技术治理机制的建设与交流中来，形成多元共治的创新治理格局。充分利用二十国集团（G20）、亚太经济合作组织（APEC）、金砖国家（BRICS）、上海合作组织（SCO）等重要合作平台和载体，不断推进全球技术治理机制建设，构建技术创新治理平台。聚焦在开放合作中推进关键核心技术创新能力提升，要加强对国际科技创新合作新模式、新路径、新体制的探索和完善，建立常态化的技术创新沟通协调机制，在更深层次上制定相应的治理规则。[2] 要主动设计和牵头发起国际大科学计划和大科学工程，提升国际科技话语权。作为人类开拓知识前沿、探索未知世界和解决重大全球性问题的重要手段，积极提出并牵头组织国际大科学计划和大科学工程，有利于全面提升我国关键核心

---

[1] 参见辜胜阻、吴华君、吴沁沁、余贤文：《创新驱动与核心技术突破是高质量发展的基石》，《中国软科学》2018年第10期。
[2] 参见苏竣、董新宇：《科学技术的全球治理初探》，《科学学与科学技术管理》2004年第12期。

技术攻关能力，加快形成具有国际一流竞争力与国际合作能力的体系化、建制化的科技战略队伍。在发展路线图的制定上，要进一步聚焦打赢关键核心技术攻坚战的目标体系和主攻方向，以此为基础，动态调整并确定组织国际大科学计划和大科学工程的优先领域，确保各项具体任务科学有序推进。在项目的遴选论证和启动实施阶段，要做好与关键核心技术攻关任务的统筹协调，对于重点培育的若干项目，既要具备一定的合作潜力，又要面向国家急迫和长远的战略需求。总之，要利用开展国际科技合作、牵头组织大科学计划和大科学工程、在推进构建全球创新治理新格局的同时，锻造我国关键核心技术领域的优势长板。

（三）全力抓好关键核心技术攻关人才队伍建设

培养创新型人才是国家、民族长远发展的大计。习近平总书记在党的二十大报告中提出，"加快建设国家战略人才力量，努力培养造就更多大师、战略科学家、一流科技领军人才和创新团队、青年科技人才、卓越工程师、大国工匠、高技能人才"[①]。完成关键核心技术攻关任务往往需要一支数量足够、梯次合理的人才队伍，国家战略人才力量站在国际科技前沿、引领科技自主创新，是打赢关键核心技术攻坚战的突击队。要着力打造聚焦打赢关键核心技术攻坚战的"高精尖缺"人才方阵，在重大科研攻关任务中加速集聚和培养一流科技领军人才和创新团队，将人才中心和创新高地建设与关键核心技术攻关任务紧密结合。

要把握胜任关键核心技术攻关人才的特征规律。抓好关键核心技术攻关人才队伍建设工程，首先要弄清需要什么样的人才。关键核心技术攻关人才队伍是战略人才力量的核心组成部分，是引领科技自主

[①] 《习近平著作选读》第1卷，人民出版社2023年版，第30页。

创新和产业自主可控的关键要素。当前，我国科技人才队伍结构性矛盾突出，关键核心技术攻关人才面临断档困境，把握胜任关键核心技术攻关人才的特点规律是推动人才队伍建设的重要前提。一是要着力建设具有战略引领性的攻关人才。他们不仅要具备深厚的科学素养，更要拥有开阔的战略眼光，能够始终站在世界科技前沿，前瞻把握关键核心技术动态演进规律和发展方向。二是要着重突出具有技术原创性的攻关人才。打赢关键核心技术攻坚战强调产生原创性的科技成果，要建设一支善于开辟新领域、提出新理论、发展新方法的关键核心技术攻关人才队伍，面对技术短板可以潜心攻克操作技术和生产工艺等"卡脖子"问题，面对技术长板也能够精准判明突破方式，找到争取自主优势的关键所在。三是要全力打造具有团队协同性的攻关人才。突破关键核心技术往往需要联合多主体形成系统协同攻关，落实到人才队伍建设问题上，则要重视塑造其团队协同性特征。要致力于打破学科壁垒和领域界限，大力推动跨学科跨领域的交叉融合研究，以此为目标培养造就一批具备学科交叉关联能力、外部网络对接能力、大兵团作战组织领导能力的关键核心技术攻关人才队伍。

要坚持党管人才、资源集成、改革创新。体系化、建制化的国家战略科技人才力量对于打赢关键核心技术攻坚战至关重要，打造关键核心技术攻关创新人才建设体系，重点需从三个方面入手。一是要坚持党管人才，完善人才发展顶层设计。党管人才是我国人才工作体系的最大优势和根本保证。要坚持党对科技人才工作的全面领导，通过切实履行管宏观、管政策、管协调、管服务职责，确保人才工作把准大局、方向、战略、定位，使全社会各个方面构建符合人才成长发展规律、充分发挥人才作用的体制机制，建立使广大科研人才成长成才成功的政策体系。要坚持将党对关键核心技术攻关工作的全面领导与党管人才有机结合起来，以提升关键核心技术供给能力和取得原创性引领性重大创新成果为目标，不断优化人才发展的顶层设计和战略规

第四章
紧迫任务：坚决打赢关键核心技术攻坚战

划，加速推动人才链与创新链全链条深度融合发展。二是要坚持改革创新，充分激发人才创新活力。创新的关键在人才，人才的关键在制度，体制顺、机制活，则人才聚、事业兴。围绕打赢关键核心技术攻坚战，需进一步营造有利于激发人才创新创造活力的良好制度环境，加快科技人才发展体制机制改革，为推动关键核心技术攻关提供有力的人才支撑。要面向关键核心技术攻关的现实需求，改革完善人才制度体系，采取央地联动、部门协同的方式彻底根除人才体制机制层面的桎梏顽疾，构建"聚天下英才而用之"的体制机制。要以胜任关键核心技术攻关任务为标准，不断强化人才政策精准供给和集成创新，促进人才政策与科技、产业、财税、金融、知识产权等政策的衔接贯通，提高政策制定主体、执行主体之间的协同效率。打破人才机制上的条条框框还需改进项目组织管理模式，借助关键核心技术"揭榜挂帅"等形式，激活"人才引擎"的澎湃动力。此外，要在人才计划支持专项、创新资源一体化配置、科技金融等方面给予关键核心技术人才队伍更多的政策倾斜，通过建立面向关键核心技术领域人才队伍的综合评价认定制度，将人才激励与攻关贡献直接挂钩，推动共评共认、一评多用、集成支持，全面激发人才创新创造活力。三是要坚持资源集成，优化人才发展生态环境。只有形成良好的人才发展生态环境，才能保障人才全生命周期的成长、发展和成就，进而牢牢把握以人才驱动打赢关键核心技术攻坚战的战略基点。要营造集智攻关的创新环境，必须着力打造一流人才载体平台。一方面，企业在面向关键核心技术领域构建多主体协同攻关的创新联合体过程中，需要聚焦关键核心技术突破的重大项目工程高标准配置领军人才，要不断强化企业用人主体地位，加大企业引进、培育和认定人才的主导权。由科技领军企业主导构建的产学研融合、上中下游贯通、大中小企业协同的技术攻关体系，同时也是关键核心技术攻关人才载体平台，要鼓励和引导企业加大创新投入，打通应用基础研究和产业化连接的快车道，实现人才链与创新链、产业链的精准对接。另一方面，厚植关键核心技术攻关人才成长沃土，还需通过产教融合、校地协同等不同形式打造各具特色的人才载体。高校可以探索建立面向"卡脖子"关键核心技术攻关人才需求与专业调整联动机制，充分依托产学研深度融合的协同育人新模式，以优势资源的集聚整合造就一批引领关键核心技术突破的科技领军人才。中国特色国家实验室体系、产业创新中心、技术创新中心等作为高能级人才载体，要加快推进人才、项目、资金的一体化配置，着力增强关键核心技术领域创新融合空间的承载能力。要以打赢关键核心技术攻坚战为目标导向，建立协同联动、优势互补的人才科创共同体，从而使人才队伍建设在关键核心技术跨区域多层次交流合作中取得长足发展。

第五章

骨干引领：持续强化国家战略科技力量

习近平总书记指出："世界科技强国竞争，比拼的是国家战略科技力量。"[1] 国家战略科技力量代表了国家科技创新的最高水平，致力于解决国家重大科技问题，是国家创新体系的中坚力量，是促进经济社会发展、保障国家安全的"压舱石"，也是建设世界科技强国、实现高水平科技自立自强的战略核心。基于多元主体结构的国家战略科技力量体系具备推动重大科技革新的创新实力，要从国家战略科技力量的各个组成部分入手，构建协同高效的中国特色国家实验室体系，强化国家科研机构的原始创新策源地作用，发挥高校基础研究深厚和学科交叉融合优势，支持企业组建任务型、体系化的创新联合体，使其更好履行打赢关键核心技术攻坚战的使命担当。

一、形成使命驱动、任务导向的国家实验室体系

国家实验室和国家重点实验室自20世纪80年代在创新资源严重匮乏的背景下起步建设，历经40年的建设发展，已由最初的摸索起步阶段逐渐过渡到筹建扩充阶段，并全面开启了布局重塑。中国特色国家实验室体系建立在以二者为主体的基础上，通过不断改革重组、系统优化，形成"1+1>2"的综合优势，联合打造全球科技创新高地。此外，自新一轮国家实验室布局建设后，以国家实验室"预备队"为目标部署的省实验室在地方政府牵头领建、多元主体协同共建的模式下，正加快形成国家实验室体系的新型预备力量，与国家实验室和全国重点实验室共同构成了多主体有机结合的梯度发展格局，如图5.1所示。习近平总书记在主持召开中央全面深化改革委员会第二十二次会议中

---

[1] 《习近平著作选读》第2卷，人民出版社2023年版，第471页。

提出要建立使命驱动、任务导向的国家实验室体系，并强调要加强体系化竞争力量。①作为始终坚持"四个面向"要求的国家战略科技力量，中国特色国家实验室体系建设要以形成使命驱动、任务导向的体系化力量为目标，着重发挥其规模庞大、综合性强的平台优势，既形成对创新资源的有效整合，又成为贯通政产学研体系脉络的关键枢纽，凝聚推动国家战略科技力量体系建设的核心动力。

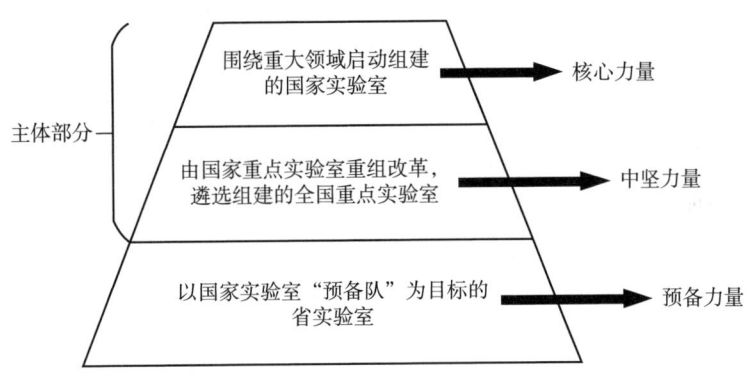

```
主体部分 ┌── 围绕重大领域启动组建的国家实验室 ──→ 核心力量
        ├── 由国家重点实验室重组改革，遴选组建的全国重点实验室 ──→ 中坚力量
        └── 以国家实验室"预备队"为目标的省实验室 ──→ 预备力量
```

图5.1　中国特色国家实验室体系构成

（一）坚持以国家层面的使命任务为根本导向

中国特色国家实验室体系必须紧紧依靠国家层面的重大使命任务带动自身建设发展。早在2015年，习近平总书记就在关于《中共中央关于制定国民经济和社会发展第十三个五年规划的建议》的说明中首次提出要以国家目标和战略需求为导向，瞄准国际科技前沿，布局一批体量更大、学科交叉融合、综合集成的国家实验室。2024年《政府工作报告》强调："完善国家实验室运行管理机制，发挥国际和区域科

---

① 参见《习近平主持召开中央全面深化改革委员会第二十二次会议强调　加快科技体制改革攻坚建设全国统一电力市场体系　建立中小学校党组织领导的校长负责制》，《人民日报》2021年11月25日。

技创新中心辐射带动作用。"①放眼整个国家实验室体系建设全局，只有从国家急迫需要和长远需求出发，凝练重大科研项目、布局战略前沿领域，才能一步步牵引国家实验室体系建设始终在正确的轨道上前行。

体系建设要放在建设世界科技强国的框架中去谋划。建设世界科技强国是建设社会主义现代化强国奋斗目标在科技领域的具体化。②围绕建设世界科技强国目标所勾画的蓝图必然要着重突出国家实验室体系建设，而国家实验室体系也为建设世界科技强国目标的实现提供重要支撑。因此，无论是国家实验室还是全国重点实验室，都要将建设目标和方向锁定在国家层面的重大战略需求上，始终要以清晰的使命任务为牵引，聚焦关键领域的同时，引领多学科、多领域交叉，全力寻求新的突破。推动实现建设世界科技强国的宏伟目标是一项系统工程，国家实验室体系要在其中扮演更为重要的角色。例如，搭建科技体制改革的"四梁八柱"，实质上也是在为加快建设世界科技强国提供制度支撑。国家实验室体系建设不仅要置身于深化科技体制改革当中，而且要成为引领改革推进、驱动改革落实的关键因素。因此，国家实验室体系既是改革的执行者，又是改革的推动者。

体系建设要坚持有限度原则，精准凝练科研目标方向。聚焦国家层面的战略需求客观上决定了国家实验室体系建设需坚持有所为、有所不为。习近平总书记在十九届中央政治局第二十七次集体学习时的讲话中指出："创新发展大家都要抓，但具体到各种关键核心技术，不是家家都能干的，要看条件和可能，同时要看全国科技创新发展布局，从自己的优势领域着力，不能盲目上项目。"③国家实验室体系需起到引

---

① 《政府工作报告》，《人民日报》2024年3月13日。
② 参见金小禾：《国家实验室是建设世界科技强国的重要支撑》，《学习时报》2020年5月13日。
③ 习近平：《论把握新发展阶段、贯彻新发展理念、构建新发展格局》，中央文献出版社2021年版，第501页。

领国家创新体系整体效能提升的抓手作用，大包大揽的做法只会颠覆已有的体系架构，遏制其有序、健康发展。必须认识到，国家实验室体系存在的目的正是填充高校和企业不能干或不想干的空白区域，尽管由不同实验室主体汇集各领域优势资源形成了建制化力量，但坚持有限度原则仍然是国家实验室体系谋求跨越式发展的必然选择。要在集结各方力量推动建设国家实验室体系的同时，确保整个国家创新体系的竞争性，通过国家实验室和全国重点实验室的改革重组，全面理清各类创新主体的目标定位，形成以国家实验室体系为聚焦的关于国家重大发展与安全问题的"领头雁"，并同其他各类创新主体一道，构建起优势互补、有序竞争、深度融合的良好局面。

体系建设要在大的共同目标牵引下细化分解各个领域子目标。由于整个国家实验室体系都是坚持问题和目标导向的，正如美国国家实验室系统建立的目的是解决特定的技术发展问题，我国国家实验室体系同样立足解决国家层面的重大战略风险和挑战。从这一共同目标出发，各类实验室主体需要在战略使命的驱动下，主动围绕某一领域进行核心部署，同时聚焦该领域促进多学科交叉融合。在这一过程中，大系统的大目标，细化分解为各子系统的小目标，从单个实验室主体看，要充分借鉴美国国家实验室"一业为主，惠及其他"的建设原则，以"十年磨一剑"的态度聚焦重点领域突破；从国家实验室系统整体看，要贯彻坚持自上而下为主的目标导向。要从部署筹划阶段就避免体系建设陷入多学科领域简单拼接组合的误区。即便每一个单独的国家实验室都有了清晰的建设定位，凝聚形成了各有侧重的子目标，但不代表整个国家实验室体系总体目标的最终实现。要切实构建有机融合的综合性国家实验室体系，将目标导向的作用层层传递，形成大目标与小目标、大系统与子系统、整体突破和单点突破的辩证统一，将实验室体系建设成为布局创新全链条的体系化平台。

（二）持续优化体系的结构布局、空间布局、领域布局

国家实验室体系不是现有机构或基地的简单叠加，而是多层次、多类型、多领域的交叉融合和优势互补，唯有系统布局和推进，方能形成推进自主创新的强大合力。随着世界科技竞争日益加剧，要进一步整合存量、做优增量，建立体系内部动态调整的结构布局、形成区域互补辐射全国的空间布局、打造全链条一体化部署的领域布局，建设规模更大、综合性更强的创新基础平台。

一是要建立体系内部动态调整的结构布局。首先，要高标准落实全国重点实验室重组。重组全国重点实验室既是体系的重组也有个体的重组。从体系上看，要明确改革重组的目标任务是要实现资源的高效配置，需采取"合并同类项"的方式充分调动同一领域内不同实验室主体力量，由近及远、由点到面、由易向难地推动全国重点实验室重组。[①]从实验室之间的合并重组，到整合依托单位内部机构，再到跨地域联合外部各类创新主体，要确保按部就班扎实推进并取得实效。从个体上看，要明确各类实验室的基本定位，坚决避免由于目标任务不明确导致的重复交叉建设和力量分配不均的问题。要建立科学合理的评价评估机制，对现存实验室进行分类分级评估考核。改革调整既需要大刀阔斧、刀刃向内，也需要科学统筹、逐步推进。要紧盯原始创新和关键核心技术领域突破，将其作为调整优化的风向标，针对部分规模相对较小、产学研协同力不足的实验室主体，要更多以整合、扩建的方式致力于打造一批具有规模优势的全国重点实验室。其次，要大力推进新型国家实验室入轨运行。要以提升体系化能力为突破口，优化结构布局。在严格的总量控制下，将资源整合到真正对标世界一流的国家实验室，通过调整和新建工作同步推进，逐步消除当前体系存在的结构上的矛盾。研究方

[①] 参见李力维、董晓辉：《中国特色国家实验室体系的鲜明特征、建设基础和发展路径研究》，《科学管理研究》2023年第1期。

向要始终服务国家战略目标，充分体现国家意志，同时聚焦新兴前沿交叉领域和特色优势领域，通过促进跨学科协同发展推动创新资源要素的整合与流动，实现整体效应最大化。在明确方向定位的基础上，要实现二者的优势互补，既要注重发挥新型国家实验室跨学科领域的建制化优势，打造聚焦国家科技战略的"集团军"，又要支持全国重点实验室建强特色优势领域，形成专业化研究力量。

二是要形成区域互补辐射全国的空间布局。从世界范围内看，最初设立的国家实验室带有明显的区域性特征，主要为周边地区大学的科学提供设备使用。随着各个实验室主体聚焦各自目标，实施不同计划，在不断的竞争与合作中，使得整个实验室体系呈现出多样化特点。国家实验室及其重大科技基础设施从仅仅面向所在区域空间的用户，转而面向全国范围内的用户。可见，真正意义上的国家实验室，其"区域"的概念有所弱化，"国家"的内涵更为深刻。因此，中国特色国家实验室体系的空间布局并非单纯以满足地方发展需求为实际考量，而是应当立足全国一盘棋统筹谋划。首先，要以区域创新中心为载体。建设中国特色国家实验室体系要以网格化的区域创新格局为载体。当前，我国已初步形成了以三大国际科技创新中心为辐射源点，以23家国家自主创新示范区和173家国家高新区为代表的区域协同创新格局。三大国际科技创新中心分别布局在京津冀、长三角和粤港澳大湾区，随着成渝地区的崛起，全国科技创新中心有了新的载体，强强联合的三角形逐渐向四边形结构转变。[1] 其次，要与区域发展战略相结合。建设中国特色国家实验室体系要融入国家总体的区域创新布局，需要与国家区域战略相适配。国家总体的区域创新布局是由国家相关部门自上而下主导，面向各区域的创新资源调控行为，旨在加快重大战略性区域创新部署，构建协调发展新格局。近年来，京津冀、长江经济带、

---

[1] 参见刘冬梅、赵成伟：《提升系统化布局能力，推动区域创新》，《科技日报》2022年4月18日。

粤港澳大湾区等一系列区域重大战略取得重要成果,为推动我国高质量发展起到了引领带动作用。布局建设中国国家实验室体系要实现与区域重大战略的协调推进,两者呈现相互促进、相互依赖的状态。例如,北京、上海、粤港澳大湾区集聚了我国约2/3的创新资源,能够为中国特色国家实验室体系建设提供强有力的基础支撑。与此同时,以国家实验室为首的各类创新基地平台逐渐汇聚在上述区域,为区域经济发展提供源源不绝的动力,并进一步强化了资源集聚的局面,这无疑有利于国家实验室体系快速形成竞争力、影响力,在世界科技强国竞争中增加重要砝码。最后,中国特色国家实验室体系建设在注重自身发展的同时也要发挥好以强带弱的"领头雁"作用,要主动适应我国区域创新体系发展的新特点,在政策引导下,主导跨区域科技合作,推动创新资源要素跨区域高效配置,尤其重视提高科技领军企业参与国家实验室体系建设的主体地位,以点带面推动区域产业集群式创新升级。国家实验室体系虽然具有极高的战略定位,但作为一个开放的系统,也需要各地方在市场竞争和筛选机制作用下,凭借鲜明的特色和优势高标准打造本省的实验室体系,努力将省实验室体系建设成为本区域创新体系的核心,进而为新型国家创新体系建设和区域协调发展战略的实施贡献力量。

三是要打造全链条一体化部署的领域布局。中国特色国家实验室体系的领域布局实际上也是科研力量的再分布、再配置。由于体系建设属于国家战略科技力量的核心尖端部署,在力量布局上也不可能做到"平均主义",而是要在特定领域范围内攻克解决重大关键性问题,成为维护国家发展和安全的"定海神针"。谋划中国特色国家实验室体系的领域布局,既要以增强体系化创新能力为前提基础,深刻认识提升科技创新体系化的战略必要性[1],又要贴合体系建设定位,全

---

[1] 参见余江、管开轩、李哲、陈凤:《聚焦关键核心技术攻关强化国家科技创新体系化能力》,《中国科学院院刊》2020年第8期。

第五章
骨干引领：持续强化国家战略科技力量

力对接国家战略使命和抢占世界科技前沿的现实所需。首先，要致力于深耕代表源头底层的基础研究领域。强化基础研究是从根本上解决"卡脖子"问题的关键。要明确中国特色国家实验室体系的建设不是兜底手段，而是决定科研水平上限的尖端部署，必须将其与基础研究十年规划紧密结合起来。要通过科学引导，有效提升基础研究的投入动力，既要坚持从国家层面稳步提高基础研究投入比例，尤其加大对冷门学科和基础学科的长期支持，又要建立以企业为主体的多元投入机制，逐步解决基础研究投入的结构性矛盾。要主动以前沿探索式的基础研究为任务牵引，培育和发展具有重大科技创新潜力的新型科研机构平台，为中国特色国家实验室体系提供多样化、多层次布局的可能。要重视创新型人才这个关键要素，深化人才发展体制机制改革，建立顺应基础研究规律的评价体系，着重做好对基础研究顶尖人才的挖掘和培养，依靠国家战略人才力量建强中国特色国家实验室体系。其次，要专注于面向国家重大需求的关键短板领域。中国特色国家实验室体系建设要以提升关键核心技术攻关能力为主攻方向。要致力于打造政产学研的新型贯通体系，鼓励大中小企业与实验室体系开展不同层次的交流协作，通过人员流动、项目参与、资源共享等方式深度融合。要充分借鉴虚拟国家实验室（VNL）在推进资源整合、多主体协同上的成功经验，着重厘清政府、企业与国家实验室体系的权责关系，畅通政府统筹和需求牵引的双向流通渠道。在市场配置科技资源的前提下，充分激发企业创新主体活力，加快发展高端科技产业，通过形成高效的科技成果转化机制，打造"原始创新—应用研究—成果转化—产业化"的完整创新链条。[1] 最后，要投身引领未来科技发展的重大前沿领域。强化领跑思维，以培育战略性前沿技术开发能力为先发优势是中国特色国家实验室建设的必要之举。中国特色国家实验室体系并非封

---

[1] 参见李志遂、刘志成：《推动综合性国家科学中心建设增强国家战略科技力量》，《宏观经济管理》2020年第4期。

闭、孤立的系统，要与调整优化后的国家工程研究中心以及国家技术创新中心等基地平台建立高效联动的紧密关系，打破基础研究和技术创新之间的单向隔离，推动基础研究、应用研究和技术攻关在体系内外部实现相辅相成、融合发展。要始终坚持用全面、辩证、长远的眼光作出科学判断，引导中国特色国家实验室体系不断开辟新的认知疆域，相关改革措施要立足当下、着眼未来。

（三）形成基于中国特色的建设运行模式

自第二次世界大战以后，美国国家实验室体系的建设运行模式不断调整优化，在国家创新体系中占据了不可替代的重要地位。但即便其运行管理水平领先于世界，仍需要不断解决内部管理灵活性不足、难以与市场相结合等问题。中国特色国家实验室体系的建设既要创造性地借鉴美国等发达国家的成功经验，同时也要立足本国实际，善用新型举国体制，主动探索基于自身优势的建设运行模式。

注重政府与市场的有机结合。要全面发挥新型举国体制在科技创新领域的制度优势，既包括依托中国特色社会主义制度和社会主义市场经济体制的政治和经济优势，更体现在使科技创新资源效益最大化和效率最优化的竞争优势。[1]2022年9月，中央全面深化改革委员会第二十七次会议审议通过了《关于健全社会主义市场经济条件下关键核心技术攻关新型举国体制的意见》，会议强调指出，健全关键核心技术攻关新型举国体制，要把政府、市场、社会有机结合起来，要推动有效市场和有为政府更好结合，强化企业技术创新主体地位，加快转变政府科技管理职能，营造良好创新生态，激发创新主体活力。[2]可见，

---

[1] 参见何虎生：《内涵、优势、意义：论新型举国体制的三个维度》，《人民论坛》2019年第32期。
[2] 《健全关键核心技术攻关新型举国体制　全面加强资源节约工作》，《人民日报》2022年9月7日。

第五章
骨干引领：持续强化国家战略科技力量

推动政府与市场的有机结合是健全关键核心技术攻关新型举国体制的集中体现，既要强化政府的组织引导作用，通过战略性布局与谋划，构建体制机制不断完善、发展规划科学统筹的国家实验室体系，又要充分发挥我国社会主义市场经济下的超大规模市场优势，最大限度激发各实验室主体积极性，有效提升实验室自行动、自组织、自适应的科技攻坚能力，破解管理模式僵化、固化的难题，赋能创新主体开展多维协作，提升重大科技成果产出效率。要构建瞄准关键核心技术攻关的高效组织体系，在转变政府科技管理职能的改革中加快形成科学分工、高效治理的局面。地方政府要在中国特色国家实验室体系建设过程中明确自身任务，承担宏观管理职责的同时不插手实验室内部管理的具体事务。

强调局部与全局的精准施策。体系的建设发展有赖于局部子系统各尽所能，形成总的合力。要通过将国家战略性使命任务分解成具体的科研项目，支撑实验室主体形成各自特色优势研究领域。要结合不同实验室主体的战略定位、组建方式及地域分布，依照体系内部的层次划分精准施策，探索建立各具特色的运行模式。要在体制机制的改革创新中切实把握共性与个性的统一。既要立足体系建设全局，完善针对中国特色国家实验室体系运行管理的各项规章，为确立国家实验室真正意义上的独立地位扫清路障，又要从各个创新单元出发，建立多主体紧密合作的科研攻关协调机制，强化知识产权制度体系的规范化、法治化建设，建立精准对接需求的资源共享机制，完善基于科学评估与计划的稳定支持机制，从而打造更符合中国特色且可持续发展的国家实验室体系。

推进自主与开放的辩证统一。建设中国特色国家实验室体系作为迈向世界科技强国的关键一步，势必要注重发挥社会主义市场经济条件下的新型举国体制优势，从而集中优势力量取得更多战略性、关键性的重大科技成果。深化应用新型举国体制既符合体系建设的内部竞争性要求，又满足体系建设的外部协同性要求，要注重实现自主与开放的有机结合，依托最有优势的创新单元，建立目标导向、绩效管理、协同攻关、开放共享的新机制，不断提升我国科技创新体系化能力。中国特色国家实验室体系要主动融入全球创新网络，开展不同层次、不同内容的国际合作。要力争更多面向全球的科技合作项目在实验室体系中落地，推进科学家交流计划在体系内外取得实质性进展。实验室平台主体要进一步深化与国际一流科研机构和大学合作共赢的伙伴关系，聚焦世界科技前沿和人类社会发展共性问题，通过高水平合作研究的推动，提升自主创新能力，实现对全球创新资源的集聚。建设对标世界一流的中国特色国家实验室体系，必须走深走实中国特色自主创新道路，要在体系中兼顾科技自立自强和开放合作，实现二者的辩证统一、相互促进、完美融合。

二、强化国家科研机构的原始创新策源地作用

国家科研机构始终以国家战略需求为导向，着力解决制约国家发展全局和长远利益的重大科技问题。国家科研机构以中国科学院、中国工程院为主体，会同我国在农业、林业、医学、中医学、环境科学等领域的国家级科研机构，形成国家级科研体系。[①] 作为大系统的重要组成部分，国家科研机构将加快建设原始创新策源地、突破关键核心技术作为主要建设目标。不同于国家实验室这类特殊的机构平台，国家科研机构要面向更多科研领域、涵盖更多城市地区，要覆盖创新链的全过程。必须进一步系统推进国家科研机构体制机制改革创新，明确不同科研主体的功能定位，分门别类完善运行管理的各项机制。今后要持续关注具有转型意义、需求导向的基础研究等科研工作，要坚

---

① 参见陈劲：《以新型举国体制优势强化国家战略科技力量》，《人民论坛》2022年第23期。

第五章
骨干引领：持续强化国家战略科技力量

持调整存量、做优增量，在发展新型研发机构的同时，带动传统科研院所转型升级，推动科技创新与科技产业高质量发展。①

（一）发挥国家科研机构的骨干引领作用

加强国家科研机构建设是聚焦国家经济社会发展和国家安全等关键领域的战略部署，必须强化国家战略层面的顶层设计，明晰建设方向。国家科研机构应当致力解决当前关键核心技术"卡脖子"问题，兼顾未来发展的重点方向和重大科技任务，从而形成科学合理的目标导向。要着力发挥国家科研机构在承担国家重大科技任务中的建制化、综合化、体系化优势，确保在国家战略领域始终保有一批"专精尖"的科研队伍，为取得关键核心技术和重大科学问题突破起到攻坚作用，进而引领带动整个国家战略科技力量体系的发展。

加强顶层设计，明晰战略导向。习近平总书记指出："国家科研机构要以国家战略需求为导向，着力解决影响制约国家发展全局和长远利益的重大科技问题。"② 承担国家科技任务是国家科研机构立足的根本。中华人民共和国成立初期，无线电所、半导体所等科研机构就是为了发展无线电电子学、自动化、半导体和计算技术等新中国急需的空白学科而紧急建立的。当前，面向建设世界科技强国的宏伟目标，仍然有很多短板和空白需要弥补。国家科研机构应当始终聚焦国家战略层面，在国家经济社会发展和国家安全的关键领域加强科技创新的战略部署。确定解决当前发展瓶颈的关键技术领域，面向未来发展的培育重点和方向，以及具体重大任务，形成清晰的科技目标导向。建立国家战略科技力量承担国家重大科技任务的机制，建立相应适宜的研发制度和组织模式，发挥国家科研机构的骨干和引领作用，打造国家战略科技力量主力军。

---

① 参见徐青：《科研院所改革面临的共性问题》，《科技中国》2021年第11期。
② 《习近平著作选读》第2卷，人民出版社2023年版，第471页。

优化机构布局，提升整体效能。现阶段，我国大学科研能力大幅度提升，企业创新主体地位不断提高，地方建设新型研发机构的热潮高涨，国家科研机构和其他各类创新主体之间的研发活动存在交叉重复。优化科研机构布局，要坚持问题导向、坚持系统观念、坚持守正创新，要发挥好政府"看得见的手"的作用，使其充分着眼于大学、企业所不能或不愿领域，加强对前沿领域、科技短板领域以及部分冷门领域的布局。要根据国家对科技创新重点方向和领域的战略部署，结合现有科研机构布局情况，研究提出优化国家科研机构布局的总体方案，根据不同国家科研机构的实际情况制定任务清单；要稳定支持一批在前瞻性、基础性和战略性研究领域的国家科研机构，明确其使命导向和职能，使科研机构在资源配置、组织模式和运行机制方面围绕其使命和任务目标展开；要结合科研机构的职能定位，科学合理布局科研力量，改革和重塑科研组织单元，从而带动提升国家创新体系的整体效能。

（二）深化国家科研机构的改革和重塑

习近平总书记强调："要继续深化科研院所改革，总的是要遵循规律、强化激励、合理分工、分类改革。"[①] 作为国家战略科技力量，国家科研机构主要从事国家战略性领域研究，深化国家科研机构改革重塑的目标在于提升其从基础、应用到技术发展的综合能力，建设原始创新和颠覆性技术的策源地。

建立健全国家科研机构组织管理体系。当前，一些重要科学问题和关键核心技术已经呈现出革命性突破的先兆，并带动关键技术交叉融合、群体跃进，许多重大科技新突破均源自学科之间的综合交叉融合。健全国家科研机构的组织管理体系，就是要发挥其多学科建制化

---

① 《习近平关于科技创新论述摘编》，中央文献出版社2016年版，第66页。

第五章
骨干引领：持续强化国家战略科技力量

团队作战的优势，从组织体系上确保跨学科、跨领域、跨部门的科研协作攻关。例如，中国科学院就对其院机关职能厅局的设置进行了大幅度的改革优化，改变传统的按照学科类别条块式分割的科研业务组织管理模式，形成围绕基础前沿、应用促进发展和重大项目组织，以科研业务工作性质和学科特点进行划分的新型机关科研业务管理模式，一系列改革措施符合世界科技发展大势和现代化科研治理模式改革方向。[①] 要着力强化国家科研机构的体系化能力设计和前瞻性布局，构建大小结合、长短结合的模式，依照不同类型科研机构职能定位，布局和重塑国家战略科技力量，以增强协同创新能力为目标重塑科研组织单元；要推动国家科研机构建设朝着统一、有序的方向迈进，从而高效集成科研、人力等优质资源，实现各类创新要素合理优化配置。

不断完善国家科研机构评价制度体系。科研院所分类评价机制是我国科研管理领域的一项重要制度安排，对于推动科研院所的发展、提高科研水平具有重要意义，建立独立专业的评估评价体系是现代化科研创新活动的内在需求。2021年8月，国务院办公厅发布《关于完善科技成果评价机制的指导意见》，旨在健全完善科技成果评价体系，更好发挥科技成果评价作用。国家科研机构需避免项目评审和人员评价工作中的"任务性"和"临时性"现象，要立足自身定位，充分考虑不同类型、规模以及学科特点等因素，形成体系化、常态化和专业化的分类评价制度体系；要注重优化评价指标权重分配，使其满足国家科研机构的现实需求；要大力加强评价过程中的监管与审计等工作，消除人为因素的影响；要给予社会公众对评价结果实施监督的权利，不断提高评价结果的公信力和透明度。

重点打造国家科研机构创新合作体系。深化国家科研机构的改革和重塑要求不断提高其国际化开放合作水平，要实现深度融入全球创

[①] 参见盛夏：《率先建设国际一流科研机——基于法国国家科研中心治理模式特点的研究及启示》，《中国科学院院刊》2018年第9期。

新网络，持续扩大辐射全球的科研学术国际影响力。当前，我国国家科研机构与世界科技发达国家积极开展合作，全力整合全球优势创新资源，取得了扎实成效。例如，2021年，地理资源所联合中国地理学会等单位启动了"优质地理产品生态环境保护与可持续发展2021—2030十年行动计划"，旨在践行"绿水青山就是金山银山"的发展理念，推动联合国2030年可持续发展目标的实现。2024年2月，中国科学院地理科学与资源研究所和联合国粮农组织就"优质地理产品生态环境保护与可持续发展"方法与技术支持"一国一品"项目签订合作谅解备忘录。双方将在数据与知识开放共享、"地标生境"技术转让和能力建设，以及全面服务全球和区域粮食安全、消除饥饿与贫困、共同发展等方面开展合作。打造国家科研机构创新合作体系，要求进一步深化开展实质性的国际科技交流合作。国家科研机构要秉持"合作共赢"理念，结合我国的各类创新需求，精准选择合作领域，开辟多元化科技合作渠道，持续加强与国际标准化机构和联合国全球技术法规机构间的合作。要更加聚焦国外顶尖高校和国立科研机构，以高端科技资源整合与高端人才引进作为合作核心，推动在高端人才集聚的国家和地方建设代表处，加快形成海外人才对接网络，推动建设若干境外联合实验室，实现对全球最优质科研对象和条件的充分利用。[1]

（三）加强国家科研机构与其他创新主体之间的合作

强化国家战略科技力量离不开各类创新主体的通力合作，国家科研机构作为重要组成部分，要深度连接产学各方共同聚焦国家战略科技目标与任务，协同攻关重大源头技术，搭建起跨机构、跨领域的创新合作网络，从而形成推动国家战略科技力量创新效能提升的整体合力。

促进需求引导的对接服务。当前，国家科研机构的产学研合作模

---

[1] 参见盛夏：《率先建设国际一流科研机——基于法国国家科研中心治理模式特点的研究及启示》，《中国科学院院刊》2018年第9期。

式仍然存在需求与科研相脱节的问题,表现为企业用户需求与科研机构研究不匹配,这就直接导致了科研成果在向现实生产力转化过程中出现"堵点"。作为国家创新体系的中坚力量,国家科研机构应当尽力优化需求引导的对接服务,切实解决企业"需求难"挖掘的现实难题。国家科研机构的研究成果在转化成市场产品之前需要与其他创新主体充分对接,必须加强与专家、科研机构和企业三方交流互动,可通过企业调研、收集政府科技部门信息等方式,整理重点产业领域科技需求清单,不断优化科技成果对接服务,从而高效达成院企科技合作意向,并促成高水平科技成果转化。此外,面对实际需求,国家科研机构还要全面提升其响应速度,结合项目揭榜攻关,促进研发课题与企业技术需求精准匹配,真正解决企业生产和新产品研发中的技术问题,提升企业产品竞争力。

持续提升与大学和企业间的合作水平。一方面,国家科研机构要不断提高与高水平研究型大学之间的合作水平。通过积极承担关键核心技术攻关和其他战略科技任务,大力推动人才联合培养,并争取依托协同攻关取得合作研究的新成效、新进展。另一方面,国家科研机构还要持续深化与科技领军企业之间的合作水平。国家科研机构要在合作中充分利用企业技术创新主体的独特优势,提高技术竞争感知力,力争以分工协作的方式,在产业共性关键技术突破和科技成果转移转化等方面取得实质性成果。要提高商业化能力和运营能力,提高商品标准化和模块化水平,实现科研资源、科研组织体系同业务资源、业务组织体系的结合。在科研机构外部,政府要完善相关配套激励机制,构建战略层面的科研机构与企业长期合作关系,加速科技成果转化,使科研与产业能够有效结合起来,形成"科研贡献产业、产业反哺科研"的良性循环,有力支撑国家重大战略需求。

确保高效履行政府职能。政府在政产学研协同创新网络中主要倾向于从供给角度发挥作用,包括政策制度、举办各类综合性和专业性科技交流活动、收集企业技术需求和高校以及科研机构的技术供给，为政产学研合作提供信息服务等。[1] 政府职能作用发挥的好坏，将直接决定国家科研机构在政产学研合作过程中技术供给与市场需求的匹配情况，决定资金、人才等资源要素的流通和聚集情况。面向世界科技强国建设的宏伟目标，国家科研机构要继续深化落实政产学研协同创新战略，结合创新环境、市场经济特征和科技发展规律适时调整政府职能作用，确保政府职能与国家科研机构创新发展目标相匹配。考虑到政产学研协同创新涉及多层级政府职能结构、多变市场与技术环境，因此未来政府层面需要通过法律途径明确明晰政府职能合理边界，确保政府职能的合法性、有效性与合理性，从而在政产学研深度合作中正确处理好政府与市场关系。

三、突出高校基础研究深厚和学科交叉融合优势

高水平研究型大学是基础研究的主力军、创新人才培养的主阵地。作为科技第一生产力和人才第一资源的重要结合点，高水平研究型大学在国家战略科技力量体系中具备基础研究深厚、学科交叉融合的独特优势。对于如何强化研究型大学建设，习近平总书记提出明确要求，一方面要把发展科技第一生产力、培养人才第一资源、增强创新第一动力更好结合起来，成为基础研究的主力军和重大科技突破的生力军；另一方面要做好同国家战略目标、战略任务的对接，努力构建中国特色、中国风格、中国气派的学科体系、学术体系、话语体系，为培养更多杰出人才作出贡献。[2] 高水平研究型大学要注重发挥教研相长、协同育人的突出作用，为强化国家战略科技力量提供基础支撑。要通过

---

[1] 参见汪馥郁、李敬德、文晓灵：《产学研结合新模式　学科集群与产业集群协同创新》，《创新科技》2008年第2期。

[2] 参见本刊编辑部：《向着建设世界科技强国宏伟目标奋勇前进》，《求是》2022年第9期。

不断提升基础学科和交叉学科建设水平,大力开展基础研究,组织重大科技创新突破。同时,还需要继续改革创新基础研究人才培养模式,积极开展自由探索和目标导向有机结合、相互衔接的基础研究,在此基础上,强化同国家战略目标任务的高效对接,形成承载国家战略科技力量建设的牢固根基。

(一)引领推动教育、科技、人才一体化发展

将科教兴国战略、人才强国战略、创新驱动发展战略摆在一起进行系统谋划,是党的二十大报告一个重要的理论创新,而高水平研究型大学正是集教育、科技、人才"三位一体"的重要着力点和交汇点。要抢抓历史机遇,紧扣时代脉搏,把发展科技第一生产力、培养人才第一资源、增强创新第一动力更好地结合起来,以人才培养的贡献和科技创新的价值形成竞争力,服务强国建设。

教育是关键基础,高水平研究型大学要全面贯彻党的教育方针,办好人民满意的教育。习近平总书记强调:"必须大力培养造就规模宏大、结构合理、素质优良的创新型科技人才。"[1] 从根本上讲,拔尖创新人才需要依托高质量教育体系进行自主培养。作为支撑科技强国战略的重要力量,高水平研究型大学要进一步提升针对国家急需关键领域人才的自主培养能力,努力补足教育与科技、人才相脱节的短板,以重大创新活动反哺人才培养成效,不断健全拔尖创新人才自主培养体系。面向教育强国建设,高水平研究型大学要承担起党和国家赋予的新使命新任务,以科教产教融合为抓手,着力构建产教融合、科教融汇的创新培养共同体,培育高层次人才梯队,促进教育链、人才链和产业链、创新链的有机衔接,要依靠不断完善的高质量教育体系,持续汇聚战略人才力量。

---

[1] 《习近平关于科技创新论述摘编》,中央文献出版社2016年版,第117页。

创新是必然路径，科技创新是高水平研究型大学核心竞争力之所在。习近平总书记强调，"强化科技创新体系能力，加快构筑支撑高端引领的先发优势"[①]。构建教育、科技、人才三合一的政策支撑体系，必须以创新为出发点、落脚点和结合点，聚焦关键、深化改革、协同发力。高校要注重发挥教研相长、协同育人的突出作用，不断增强服务高水平科技自立自强的战略自觉，持续释放创新驱动发展的潜力和动能，为强化国家战略科技力量提供基础支撑。既要通过不断提升基础学科和交叉学科建设水平，大力开展基础研究，组织重大科技创新突破，又要继续改革创新基础研究人才培养模式，积极开展自由探索和目标导向有机结合、相互衔接的基础研究，在此基础上，强化同国家战略目标任务的高效对接，形成承载国家战略科技力量建设的牢固根基。

人才是核心要素，创新驱动的本质是人才驱动，人才培养质量是高等教育发展的核心主旨。高水平研究型大学要紧紧围绕立德树人的根本任务，坚持不懈用习近平新时代中国特色社会主义思想铸魂育人，培养造就大批德才兼备的高素质人才。要始终坚持人才引领发展的战略地位，建立和完善面向未来的创新人才培养体系，不断深化育人模式、培养过程、管理体制、保障机制和评价体系改革，着力打造一支以大师和战略科学家为引领，一流科技领军人才和创新团队、青年科技人才为核心，卓越工程师等为基础的高层次人才梯队，为世界重要人才中心和创新高地建设提供有力支撑。总之，高水平研究型大学要充分把握自身特点优势，推动实现教育、科技、人才的"三驾马车"共同服务于科技强国建设的整体方向。

（二）更加重视开展基础研究、推进原始创新

习近平总书记强调："加强基础研究，是实现高水平科技自立自强

[①] 习近平：《论把握新发展阶段、贯彻新发展理念、构建新发展格局》，中央文献出版社2021年版，第272页。

的迫切要求，是建设世界科技强国的必由之路。"① 世界上创新活力强的地区，往往是研究型大学集中的地区，高校作为教育、科技、人才工作的聚合点，同时也是国家核心竞争力的重要组成部分，是我国基础研究的主力军和重大科技突破的策源地。要以产学研深度融合为主线，以重大科技创新平台为依托，以良好创新生态营造为保障，形成助推高校基础研究进一步发展的强大合力。

要做好与国家重大战略需求的精准对接。强化研究型大学建设同国家战略目标、战略任务的对接，关键是要加快科技成果向现实生产力的转移转化。要着力提升高水平研究型大学服务经济社会和国家发展需求的能力，面向国家急需培养高层次创新人才。要主动以学科链对接产业链，促进自由探索和目标导向型基础研究相互衔接、优势互补，通过构建向企业开放、与社会共享的科研平台，完善由政府和企业共同投入，面向企业研发需求开展研究、投入运营的新模式，同时加快建设产学研融合的技术转移体系，不断提高高校与科研院所和企业的协同创新水平，共同推动科技成果转化。此外，高水平研究型大学服务国家战略能力还体现在推动关键核心技术攻关任务上。面对制约国家发展和安全的痛点堵点，以及引领未来科技发展前沿的重点难点，高校应当瞄准关键核心技术"卡脖子"难题，从关键工业技术、新能源技术、生物技术等事关国家急迫需要和长远需求的领域攻克关键核心技术，同时也要大力实施有组织的前瞻性科研，超前部署推进前沿性、颠覆性技术研究，争取在重大科技前沿领域实现扩容提质，不断拓展服务国家重大战略的深度和广度，支撑打赢关键核心技术攻坚战。

要发挥基础研究优势，全面提升原始创新能力。习近平总书记强调："加强基础研究是科技自立自强的必然要求，是我们从未知到已知、从不确定性到确定性的必然选择。"② 新型研究型大学的建设发展必

---

① 习近平：《加强基础研究 实现高水平科技自立自强》，《求是》2023年第15期。
② 《习近平谈治国理政》第4卷，外文出版社2022年版，第197页。

须以加强基础学科发展和科教融合发展为目标[①]，要进一步强化顶层谋划、系统布局，聚焦"有组织的科研"，建设好基础研究高水平支撑平台。要瞄准基础研究前沿问题，建设一批具有世界一流水平的基础科学研究队伍，稳定支持一批立足世界前沿、自由探索的基础学科，重点布局一批基础学科研究中心，努力实现重大科学发现和基础理论问题新突破。要合理优化资源配置方式，重点推动基础学科领域实现更多原创性突破，为提升原始创新能力提供有力支撑。此外，高水平研究型大学在基础研究上还具备学科集中便于交叉融合的天然优势，应当用足用好学科交叉融合的"催化剂"。要主动适应科技创新的发展趋势，优化既有的学科专业布局，明确学科发展方向，努力构建独具特色、世界一流的学科体系。通过不断打破学科专业壁垒，打造学科交叉融合平台，进而依照国家战略需求，着眼关键核心技术攻关，将一流学科资源精准导入解决"卡脖子"技术难题中。

四、支持企业组建产学研深度融合的创新联合体

科技领军企业是内嵌于产业的重大科研队伍。作为国家战略科技力量体系的又一重要组成部分，科技领军企业是最具活力的市场主体，始终发挥出题者作用，担负推动技术创新和产业发展的"组织者"和"先锋队"任务。党的十八大以来，企业在国家创新体系中的摆位上升到新高度，在创新全链条中的主导作用进一步凸显。党的二十大报告提出，"发挥科技型骨干企业引领支撑作用，营造有利于科技型中小微企业成长的良好环境，推动创新链产业链资金链人才链深度融合"[②]。要更加突出企业科技创新主体地位，激励企业加快数智化转型，打造更

[①] 参见宿凌：《建设世界科技强国的必由之路——学习习近平关于基础研究的重要论述》，《党的文献》2023年第5期。

[②] 习近平：《论科技自立自强》，中央文献出版社2023年版，第291页。

多具有国际竞争力的科技领军企业，以企业生产技术的整体提升带动产业转型升级。[1]

（一）形成以企业为主体的高能级创新联合体

科技领军企业可以在关键共性技术等方面快速积累显著优势，成为聚力攻关产业关键共性技术"卡脖子"问题的重要战略科技力量。要全力打造产学研协同创新、大中小企业融通创新、国企民企合作创新的高能级创新联合体，不断夯实企业技术创新主体地位，加快聚集创新资源，为切实保障产业链安全，提升供应链韧性水平，推动传统产业的转型升级以及战略性新兴产业的快速发展提供科技支撑。[2]

要全面激发企业创新动力活力，强化企业在科技创新方面的主体地位。不断夯实企业技术创新主体地位，系统提升企业创新能力，这是我国科技工作的一项重要任务。必须着力完善决策咨询机制、项目组织实施机制、资源配置机制等企业科技创新体制机制，不断优化企业主导的产学研深度融合机制。通过战略引领、政策整合、领域聚焦、协同合力构建支撑企业创新的生态系统，推动企业成为从创新决策、科研组织、研发投入到成果转化全链条创新的主导力量。具体而言，要着重突出企业在技术创新决策到成果转化全过程中的主体地位，进一步加强企业在项目形成、项目投入、项目组织、项目评价等方面的参与度、话语权。要让企业既作为重大科学问题的提出者，又充当研发任务的主要承担者，借助"揭榜挂帅"等形式，引导更多企业充分融入基础研究、技术创新、成果转化、产业化的科技创新全链条活动中。

要不断放大科技领军企业的支撑引领作用，加快聚集创新资源。一方面，政府要为其提供优质条件、营造良好环境，推动企业科技创新更具竞争力和持续性。要引导企业大力开展应用基础研究工作，主

---

[1] 参见阴和俊：《让科技创新为新质生产力发展注入强大动能》，《求是》2024年第7期。
[2] 参见陈劲：《以新型举国体制优势强化国家战略科技力量》，《人民论坛》2022年第23期。

动融入国家基础研究创新体系，注重牵引和承接国内外高水平的科研机构、高校的基础研究成果。要通过切实发挥企业在"卡脖子"技术领域的攻关主体作用，重点推动科技领军企业联合其他国家战略科技力量主体开展多种形式的合作研究，共同打造跨领域、大协作、高强度的创新基地，组织针对不同专业技术领域人才的联合培养，实现人才、资金、项目一体化配置，在牵头国家科技攻关任务中推动产业链创新链深度融合。另一方面，企业要积极主动作为，真正发挥作用。科技领军企业自身要前瞻把握科技创新愿景、使命和战略，依靠不断完善的组织管理体系、稳步提高的研发投入力度以及持续优化的创新文化氛围，进一步集聚优势创新资源。在此基础上，科技领军企业应加快构建以企业研究院为主体的自主研发体系，瞄准关键共性技术、前沿引领技术和颠覆性技术等重点方向集中攻关，为我国产业实现高质量发展提供关键支撑。

（二）加快推进新型研发机构建设

新型研发机构主要聚焦科学研究、技术创新和研发服务，是实施创新驱动的生力军。企业主导的新型研发机构，以市场需求为导向，具有运行机制灵活、研发活动自主、创新要素集成等多方面优势。在其战略定位上，推进新型研发机构建设作为解决国家经济科技"两张皮"的重大举措，有利于主动对接并加快落地和布局国家重大战略任务，通过聚焦产业发展，在加快关键技术突破和促进技术快速成熟、迭代升级等方面具有不可替代的作用。

要加强新型研发机构建设的顶层设计和规划布局。强化新型研发机构体系的顶层设计，对现有研发机构进行科学的规划和管理，旨在更加清晰地定位平台性质、研究领域和重点任务，把有限的资源力量集中起来。作为强化国家战略科技力量的重要平台和抓手，当前，各地区正相继培育和布局高水平新型研发机构，企业主导的新型研发机构发展迅速,社会公众创新参与热情高涨。要加强全国通盘布局,在保持适当竞争的前提下避免重复投资和恶性竞争,统筹推动不同类型主体牵头的新型研发机构建设,形成推进科技强国建设的强大合力。地方政府要立足区域特色优势产业,重点培育在全国同行业内具有竞争优势,有高水平领军人物、有重大研发成果的高能级新型研发机构,努力取得原创性、引领性技术攻关成果。此外,还要前瞻探索和布局战略性新兴产业和未来产业,力争抢占未来发展的先机,从而加快形成新质生产力。

要进一步完善新型研发机构的管理运行体制机制。打造好、使用好新型研发机构这支"生力军",完善管理运行体制机制是关键。新型研发机构要加快建立目标导向、绩效管理、协同攻关、开放共享的新型运行机制,要重点面向相关产业"卡脖子"关键核心技术攻关,坚持以解决经济社会发展的重大需求难题为目标导向,持续推进技术创新和产业创新,加快设立重大攻关项目。要在经费使用、薪资激励、科学考核、分类评价等方面打破体制机制藩篱,完善新型研发机构资金使用的管控机制和评价体系,允许新型研发机构按照市场化、风险投资规律进行科技创新的投资和运营,赋予新型研发机构更大自主权。要更加简化决策流程以及经费使用流程,实行科学、灵活的科研经费管理和使用制度,同时通过引入灵活的企业运行与管理机制,为加快推进新型研发机构建设提供更加强劲的市场驱动力。

(三)持续加大财政金融支持力度

没有金融创新支持,技术创新就会出现"闭锁效应",没有技术创新匹配的金融创新就会沦为无米之炊。[①] 打造产学研深度融合的创新体系必须强化以科技领军企业为代表的社会创新力量,要着力健全科技金融体系,完善资本市场基础性制度建设,在稳步提升财政金融支持

[①] 参见辜胜阻、刘伟、庄芹芹:《大力发展科技金融实施创新驱动战略——以湖北为视角》,《江汉论坛》2015年第5期。

力度的同时，提高对创新型企业的包容性，使其有效应对成果转化风险、创新失败风险，提升创新容错率，进而实现创新链产业链人才链与资金链的深度融合。

要扩大税收优惠和财政补贴规模与水平。发挥科技型骨干企业引领作用，适当加大政策扶持力度必不可少。要依靠政策支持，鼓励企业加大研发投入，支持创新型小微企业成长为重要创新发源地。通过组合采用税收优惠、财政资金支持等手段，优化政府资金投入结构，建立多层次支持体系，注重在创新准备环节和研发环节增加或强化专门针对企业的税收优惠政策，引导税收优惠政策适当前移，推动普惠性政策"应享尽享"。要进一步细化财政补贴制度，对企业创新进行分环节分阶段补贴，有针对性地加大初创环节补贴力度，培育扶持一批具有创新前景和商业潜力的科技企业。

要不断优化金融保障体系。2024年1月，国家金融监管总局发布《关于加强科技型企业全生命周期金融服务的通知》，要求把更多金融资源用于促进科技创新，不断提升金融支持科技型企业质效，推动创新链产业链资金链人才链深度融合，促进"科技—产业—金融"良性循环，助力高水平科技自立自强和科技强国建设。这一通知主要从持续深化科技金融组织管理机制建设、形成科技型企业全生命周期金融服务、扎实做好金融风险防控、加强组织保障和政策协同等方面，对做好科技创新金融服务提出了工作要求。优化金融保障体系需坚持问题导向、聚焦重点、统筹协调、安全发展的基本原则，要采取有效措施，推进货币政策工具定向支持企业科技创新，通过优化金融体系风险监管追责机制以及考核体系，有效提高科技金融风险容忍度。同时，还应当引导金融机构加大对企业创新的支持，探索利用数字技术为企业增信，解决科技型中小微企业融资难的问题，尤其针对重要领域首台（套）重大技术装备的示范应用营造必要政策环境，拓展优化其相应的保险补偿和激励政策。

要畅通科技企业市场融资渠道。科创企业是科技创新的重要载体和前沿阵地，科技金融作为支持科创企业发展的重要手段，能够为企业增强自主创新能力提供大力保障。2023年6月，国务院常务会议审议通过《加大力度支持科技型企业融资行动方案》，强调要引导金融机构根据不同发展阶段的科技型企业的不同需求，进一步优化产品、市场和服务体系，为科技型企业提供全生命周期的多元化接力式金融服务。畅通科技企业市场融资渠道对于提高科技型企业信贷融资便利性安全性，推动科技、产业、金融良性循环起着重要作用。要不断完善多层次资本市场，促进科技企业全生命周期融资链衔接。持续推动创业板、科创板、区域性股权市场的制度创新，完善股权融资的资本市场体系。促进创业投资发展，鼓励更多社会资本参与，支持引导投资机构聚焦科技企业开展业务。支持科技企业通过债券市场融资，满足科技企业多样化融资需求。

总之，国家战略科技力量并非由包括国家实验室在内的四大主体简单组合叠加而成，而是能够产生协同效应，形成科研攻关的体系化能力的"集团军"，是多类型主体的系统集成。从结构布局看，国家战略科技力量体系主要基于四大力量主体各自明确的功能定位，发挥个性的同时达到整体的结构优化，从而实现体系自身的高效协同发展；从空间布局看，国家战略科技力量体系主要围绕国际科技创新中心、综合性国家科学中心以及区域科技创新中心谋划建设，以取得辐射和带动全局的效果，各个区域创新网络节点是强化各类力量主体的重要载体，为构建体系化的国家战略科技力量提供有力支撑；从领域布局看，国家战略科技力量体系是按照"四个面向"的逻辑主线，分别从四个领域方向着手提升创新效能，进而形成推动体系建设的总的合力。基于国家战略科技力量的主体构成，只有切实明确其建设使命和发展方向，才能为推动世界科技强国建设发挥重要支撑作用。未来，建设国家战略科技力量体系需依据自身系统的动态性、遵循历史发展的规律性、强化前瞻思维的预见性，实现对体系建设工作全面系统地谋篇布局。通过集中更大力量开展体系化的基础研究，探索新的认知疆域；通过围绕新型交叉学科和领域前瞻部署，引领未来发展方向；通过以全球视野把握国际科技合作的大趋势，破解共性科学难题。①

---

① 参见李力维、董晓辉：《系统论视域下国家战略科技力量体系建设研究》，《系统科学学报》2024年第2期。

第六章

强大动力：全面推进科技体制改革

科技创新是发展的新引擎,改革则是点燃新引擎的点火系。[①]习近平总书记深刻指出:"实施创新驱动发展战略是一项系统工程,最为紧迫的是要进一步解放思想,加快科技体制改革步伐,破除一切束缚创新驱动发展的观念和体制机制障碍。"[②] 站在新的历史起点上,我们必须以更大的决心和勇气,全面深化科技体制改革,敢于涉险滩、闯难关,坚决破除制约科技创新的思想桎梏和制度藩篱,充分释放创新活力和潜能,为加快建设世界科技强国提供不竭动力。

一、完善科技计划形成和组织实施机制

科技计划是推动科技创新和发展的重要抓手,对于提升国家科技实力、促进经济社会持续健康发展具有重要意义。然而,当前科技计划形成和组织实施中仍存在一些问题和挑战,如资源配置不够优化、项目管理不够科学、创新主体活力不足等。为提高科技创新体系整体效能,要继续发挥新型举国体制优势,聚焦重大科学问题和关键核心技术,加强顶层设计和统筹协调,建立健全科技计划的评估、监督和激励机制,以更加系统、高效的方式推进科技计划的制订和实施,为推动我国科技创新事业持续健康发展提供有力保障。

(一)优化国家科技规划及运行管理机制

针对我国科技事业面临的突出问题和挑战,政府部门要抓战略、抓规划、抓政策、抓服务,树立宏观思维,倡导专业精神,减少对科

[①] 参见吴月辉:《科技体制改革激发创新潜力(奋进新征程 建功新时代·伟大变革)》,《人民日报》2022年3月24日。
[②] 习近平:《论科技自立自强》,中央文献出版社2023年版,第34页。

研活动的微观管理和直接干预，切实把工作重点转到制定政策、创造环境、为科研人员和企业提供优质高效服务上，建立信任为前提、诚信为底线的科研管理机制，赋予科技领军人才更大的技术路线决策权、经费支配权、资源调动权。

充分发挥国家作为重大科技创新组织者的作用，"办大事，抓重大、抓尖端、抓基础"，强化战略科技力量与全国科技力量互补协同。以任务带学科，以学科促任务，注重原始创新、源头创新和集成创新，优化学科布局和研发布局。科研选题是科技工作首先需要解决的问题。[①] 坚持"四个面向"，从国家急迫需要和长远需求出发，系统谋划重点领域重大项目布局，瞄准人工智能、量子信息、集成电路、生命健康、脑科学、生物育种、空天科技、深地深海等前沿领域，实施一批具有基础性、前瞻性、战略性、储备性的国家重大科技项目，着力解决制约国家发展和安全的重大难题。坚持目标导向和自由探索相结合，抓紧制定实施战略性科学计划和科学工程，推动重点领域重大项目、重要基地、重要人才、专项资金一体化部署。

完善平台体系，优化科技创新平台布局。依托重要科研院所组建集中攻关、突破型国家实验室，依托重点研究型大学和领先创新型企业建设协同创新、引领型国家实验室；依托国际和区域性科技创新中心及综合性国家科学中心建设央地联合、平台型国家实验室，建立目标导向、绩效管理、协同攻关、开放共享的运行机制。优化国家研究中心、国家重点实验室、国家临床医学研究中心、国家基础学科研究中心等基础研究平台布局，形成实验室体系。优化国家技术创新中心、国家产业创新中心、国家制造业创新中心等技术创新平台布局，形成技术创新平台体系。优化国家重大科技基础设施、科教基础设施、产业技术创新基础设施等创新基础设施布局，形成创新基础设施体系。

---

① 参见《习近平在科学家座谈会上的讲话》，《人民日报》2020年9月12日。

优化综合性国家科学中心、国际和区域性科技创新中心、综合类国家技术创新中心建设布局，优化基础科学中心和创新高地空间布局。构建国家科研论文和科技信息高端交流平台，形成全国一体化科研数据和仪器设备平台体系。[①]

优化项目形成和资源配置方式，根据不同科学研究活动的特点建立稳定支持、竞争申报、定向委托等资源配置方式，合理控制项目数量和规模，避免"打包"、"拼盘"、任务发散等问题。建立健全重大科研项目科学决策、民主决策机制，确定重大创新方向要围绕国家战略和重大需求，广泛征求科技界、产业界等意见。对涉及国家安全、重大公共利益或社会公众切身利益的，应充分开展前期论证评估。建立完善分层分级责任担当机制，政府部门要敢于为科研人员的探索失败担当责任。改革科技项目申请制度，优化科研项目评审管理机制，让最合适的单位和人员承担科研任务。实行科研机构中长期绩效评价制度，加大对优秀科技工作者和创新团队稳定支持力度，反对盲目追求机构和学科排名。大幅减少评比、评审、评奖，破除唯论文、唯职称、唯学历、唯奖项倾向，不得简单以头衔高低、项目多少、奖励层次等作为前置条件和评价依据，不得以单位名义包装申报项目、奖励、人才"帽子"等。优化整合人才计划，避免相同层次的人才计划对同一人员的重复支持，防止"帽子"满天飞。[②]

（二）精细化推进重大研发任务管理

当前，新一轮科技革命和产业变革加速演进，科技创新呈现交叉、融合、渗透、扩散的鲜明特征，科研体系向"开放科学"转型，知识分享和跨界交流合作成为常态。世界主要创新国家都在加快调整、重构科

[①] 参见万劲波：《完善国家科技创新治理体系的重点任务》，《国家治理》2021年第Z4期。
[②] 参见中共中央办公厅、国务院办公厅：《关于进一步弘扬科学家精神加强作风和学风建设的意见》。

研组织体系，建立适应新兴科学和技术发展的管理架构，力求在新一轮科技竞争中赢得优势。[①]我国必须推进以"揭榜挂帅"为代表的重大任务研发管理，调动各创新主体的积极性，从而解锁更多产业发展短板、战略必争领域等的关键核心技术，提供更多高水平的科技供给。

对支撑国家重大战略需求的任务，实行"揭榜挂帅""军令状""里程碑式考核"等管理方式。"揭榜挂帅"就是责任到人。把需要的关键核心技术项目张出榜来，英雄不论出处，谁有本事谁就揭榜。"揭榜挂帅"有利于充分激发创新主体的积极性，实现关键核心技术的突破创新，提高创新链整体效能。首先应完善优化"揭榜挂帅"的制度设计。从国家层面对"揭榜挂帅"的制度设计要考虑分层次、开放性、竞争性、共享性，并以此为切入点，推动建立一个更开放的以企业为主体、产学研合作为支撑的技术创新体系。国家层面"揭榜挂帅"侧重的是全局性、战略性、前沿性的重大科技需求；省级层面"揭榜挂帅"侧重的是即期的、应急的、现实性的重大科技需求。开放性、竞争性则是公开面向所有市场主体，不分所有制，不分区域，凡是有条件有实力的都可以参与竞争，并接受社会监督，让弄虚作假、骗取资金者无处遁形。共享性就是对揭榜攻关成功的产品和技术及时进行梳理，并强化应用推广，第一时间在全国范围内实现成果有偿共享，不断放大"揭榜挂帅"的带动作用。尽快建立健全"揭榜挂帅"的保障机制，让挂了"帅"的揭榜者能心无旁骛地潜心研究、无后顾之忧地放手去干。同时，建立合理的考核评估和容错纠错机制，以鼓励更多企业与高校科研院所参与"揭榜挂帅"，引导更多政策资金等资源支持"上榜"项目；探索引入社会资本，与政府按一定比例共同出资设立悬赏金，后期享有揭榜技术的优先使用权或者所有权。

对支撑经济社会发展的任务，由部门、地方共同组织实施，探索

[①] 参见王志刚：《完善科技创新体制机制》，《人民日报》2020年12月14日。

完善"悬赏制""赛马制"等任务管理方式。"赛马"是在探索"揭榜挂帅"机制、优化核心技术攻关体制中的新型项目组织方式。"赛马制"通过分散化、分阶段资助的方式,在前期对多个团队给予小额资助,根据研发进展及时予以调整,按照技术路线成熟度和完成情况,采取加大、缩减支持力度,或终止、合并项目等方式,使研究力量和科研资源逐步集中在优势方向上,提高科研资源使用效率。[①]在明确适用项目的基础上,要进一步强化以技术指标为特征的项目评审标准,多关注以既有成果为特征而不是选择项目负责人为主的"赛马"机制探索,在更大范围发挥社会各领域的科研成果,积极鼓励跨领域、跨部门、跨学科的科研成果,最大程度降低创新风险与成本,提高科技投资效率。[②]

对科技创新前沿探索的任务,在竞争择优的基础上鼓励自由探索。所谓自由探索,就是不预设特定应用或使用目的,发挥探究事物本源与规律的科学家精神,以更多自主性开展科学研究。灵感瞬间性、方式随意性、路径不确定性,注定了自由探索是无垠的拓荒。科学总是要探索未知世界,这才是真正实现"从0到1"的创新,开辟新领域或新方向。要有意识地聚焦世界科技最前沿,探索长期稳定的资助方式,并赋予研究团队充分自主权,允许自由选题、自行组织科研、自主使用经费,在项目遴选、考核评价等方面开展积极探索,营造有利于科学家和团队潜心开展基础研究的环境。[③]

(三)构建重大科研攻关应急响应机制

科技创新是国家安全的物质技术基础,为防范和化解各种风险提

---

① 参见尚文涛、陈金辉、刘夔龙等:《基于国家科技计划项目实施视角的"赛马制"遴选与管理机制研究》,《科技管理研究》2023年第17期。
② 参见代小佩:《代表委员谈科技政策扎实落地:"赛马"制度让科研疆场的"千里马"脱颖而出》,《科技日报》2022年3月9日。
③ 参见张扬:《科创激发新动力》,《解放日报》2023年6月19日。

第六章
强大动力：全面推进科技体制改革

供了战略支撑。特别是近年来，我国在生物安全等非传统安全领域正经历越来越多的风险和挑战，迫切需要应急科研攻关的及时有效支撑。我们要加强科技创新的应急应变能力，完善平战结合的疫病防控和公共卫生科研攻关机制和组织体系，加强公共卫生、重大灾害等方面的应急科研能力建设，以便更有效地部署和整合相关科技力量，取得更多更有用的科技成果，来更好发挥科技在应急情况下的重要支撑作用。

应急条件下的科研攻关，必须充分调动各方面的力量，发挥其积极性和主动性。必须加强统筹协调，建立多部门协调机制，根据各自职能及在创新链上的不同定位[①]，有序分工并加强进度协调与信息共享。充分发挥国家战略科技力量在应急科研攻关中的中坚作用，有效激发各创新主体的积极性和创新活力，理顺团结协作的体制机制，组织跨学科、跨领域的科研团队，综合多学科力量开展科研攻关，产学研各方紧密配合。在坚持科学性、确保安全性的基础上加快科技研发进度，力争在最短的时间内取得重要进展和突破。

经过长期实践发展，我们已经建立了相对成熟的科研立项和管理机制。但是，科研项目立项周期相对较长，难以满足应急条件下科技攻关的时效性需要。同时，应急科技攻关要求及时应用推广阶段性成果以及根据进展情况对项目实施动态调整，常规的科研管理也难以满足这些要求。所以，我们需要完善科研立项和管理机制，在确定项目承担单位和负责人时，为了更好地选贤纳士，也可以创新遴选方法和方式，如采用"揭榜挂帅"等。另外，由于科研攻关具有很大的不确定性，为了确保短时间内取得有效的成果，也需要同时布局多条技术路线，齐头并进。

要想在应急条件下发挥科研攻关的重要作用，必须立足长远、打好基础，加强平时科研积累和技术储备，健全应对重大风险的科研储

[①] 参见周海晨、陈云伟：《我国基础研究发展战略路径选择浅析》，《科技管理研究》2023年第10期。

备和支持体系。①充分发挥高层次战略科学家和科技管理专家的作用，在事关国家安全及民生健康的领域进行战略谋划和前瞻布局，加强相关基础研究，厚植科学技术研究的根基，加快技术突破，提升战略储备能力。要加强风险预警预测研究，以便及时采取应对举措。要注重统筹各方面的科研力量，坚持平战结合，不断提高体系化对抗能力和水平。

（四）完善深度释放创新潜能的科研管理模式

科学研究本身就是探索未知的复杂智力劳动，具有很多不确定性，充分尊重科学研究规律，赋予科研人员更大的自主权，才能充分调动科研人员的创新活力。②习近平总书记强调："给予科研单位更多自主权，赋予科学家更大技术路线决定权和经费使用权，让科研单位和科研人员从繁琐、不必要的体制机制束缚中解放出来！"③只有充分尊重科研规律，给予科研单位和科研人员更大的经费使用自主权，让他们放开手脚，才能创造出更多高质量的科研成果。要开展以国家使命和创新绩效为导向的现代科研院所改革，完善科研项目和资金管理，切实减轻科研人员负担，赋予创新领军人才更大技术路线决定权和经费使用权，加快推进项目经费使用"包干制"试点，开展基于信任的科学家负责制试点。

赋予科研人员更大财政经费使用自主权。针对科研经费管理刚性偏大等问题，坚持遵循科研活动规律，本着能放则放、应放尽放的原则，赋予科研人员更大的经费使用自主权。扩大预算编制调剂自主权，

---

① 参见董石桃：《新时代科学防范和化解重大风险的五个维度——学习习近平总书记关于防范和化解重大风险的重要论述》，《社会主义研究》2021年第1期。
② 参见崔兴毅：《科研经费管理改革这十年：为人才助力，为创新加速》，《光明日报》2022年5月23日。
③ 习近平：《加快建设科技强国，实现高水平科技自立自强》，《求是》2022年第9期。

将设备费预算调剂权全部下放给项目承担单位，除设备费外的其他费用调剂权全部由项目承担单位下放给项目负责人，根据实际情况使用。扩大经费"包干制"范围。在人才类和基础研究类科研项目中推行经费"包干制"，将经费"包干制"从项目层面扩大到科研机构层面，鼓励有关部门和地方在从事基础性、前沿性、公益性研究的独立法人科研机构开展经费"包干制"试点。扩大结余资金留用自主权。考虑到科研活动的连续性，以及避免突击花钱等问题，明确项目结余资金留归项目承担单位继续使用，由单位统筹安排用于科研活动直接支出，优先考虑原项目团队科研需求。[1]

提高拨付效率，减轻科研人员报销负担。针对科研经费拨付涉及环节多、进度慢，科研经费报销繁琐等问题，完善拨付流程，明确拨付时限，压实拨付责任，力争实现科研经费拨付"环环相扣"，减少在途时间。全面落实科研财务助理制度，确保每个项目配有相对固定的科研财务助理，为科研人员在预算编制、经费报销等方面提供专业化服务[2]，改进财务报销管理方式，推进无纸化报销，让数字信息多跑路、让科研人员少跑腿，解决科研人员"找票""贴票"等问题，切实减轻科研人员经费报销负担。

提高人员费用，激励科研人员干事创业。提高间接费用比例，项目承担单位可将间接费用全部用于绩效支出，并向创新绩效突出的团队和个人倾斜。[3] 扩大从稳定支持科研经费中提取奖励经费试点范围。加大科技成果转化激励力度，强调科技成果转化收益要对职务科技成果完成人和为科技成果转化作出重要贡献的人员给予奖励和报酬。在绩效工资总量管理方面，中央高校、科研院所、企业绩效工资水平实

---

[1] 参见申铖：《为科研人员"松绑"为创新创造加力——财政部详解中央财政科研经费管理新变化》，新华网，2021年8月19日。
[2] 参见袁于飞：《让科研人员不再被"繁文缛节"所扰》，《光明日报》2021年8月20日。
[3] 参见武亚东：《激发科研人员创新活力》，《经济日报》2021年8月20日。

行动态调整,由主管部门审批后报人力资源社会保障部门、财政部门备案。中央高校、科研院所、企业分配绩效工资时,要向承担国家科研任务较多、成效突出的科研人员倾斜,探索对急需紧缺、业内认可、业绩突出的极少数高层次人才实行年薪制。①

二、持续深化基础研究体制机制改革

世界已经进入大科学时代,基础研究组织化程度越来越高,制度保障和政策引导对基础研究产出的影响越来越大。我国支持基础研究和原始创新的体制机制已基本建立但尚不完善,必须优化细化改革方案,发挥好制度、政策的价值驱动和战略牵引作用。②

党的十八大以来,我国的基础研究投入从2012年的499亿元提高到2023年的2212亿元,年均增长近15%,占全社会R&D投入的比例从4.8%提升至6.7%。③投入的增加推动基础研究取得重大成就:建成"中国天眼"、稳态强磁场、散裂中子源等一批国之重器;在量子信息、干细胞、脑科学、类脑芯片等前沿方向取得一系列具有国际影响力的重大原创成果,原始创新能力不断加强。然而,对照国家实现高水平科技自立自强的迫切要求和建设世界科技强国的目标,我国的基础研究投入无论是从规模还是从结构上都还有较大的提升空间。一方面,基础研究投入规模还有待提高,基础研究经费投入占GDP的比重基本维持在0.1%左右,基础研究经费占研发投入的比重也有待提升。④另一方面,基础研究经费来源较为单一,主要依靠国家财政投入,特别是中央财政科技投入,企业及社会力量投入不足;而国外的经费来源渠

---

① 参见袁于飞:《让科研人员不再被"繁文缛节"所扰》,《光明日报》2021年8月20日。
② 参见习近平:《加强基础研究 实现高水平科技自立自强》,《求是》2023年第15期。
③ 参见国家统计局《2012—2023年国民经济和社会发展统计公报》。
④ 参见袁汝兵、王彦峰:《完善基础研究多元化投入机制》,《科技日报》2023年7月10日。

道相对广泛，除了政府，还有企业、社会资金等。我国正处于进一步提升关键核心技术和基础研究整体水平的重要时期，亟须建立基础研究经费的多元化投入机制。

（一）加大对基础研究的投入

要稳步增加基础研究财政投入，通过税收优惠等多种方式激励企业加大投入，鼓励社会力量设立科学基金、科学捐赠等多元投入，提升国家自然科学基金及其联合基金资助效能，建立完善竞争性支持和稳定支持相结合的基础研究投入机制。[1]加快形成以政府投入为主、社会投入多元化的机制，推动基础研究财政投入持续增长，引导企业和金融机构以适当方式加大支持，鼓励社会以捐赠和建立基金等方式多渠道投入，扩大基础研究资金来源。

持续强化基础研究的财政资金投入。在投入方式上，要充分发挥财政投入和财税政策的引导作用，通过科技体制机制改革，针对不同的创新主体、不同的创新阶段，综合运用财政贴息、财政后补助、间接投入、风险补偿和创投引导等方式，引导和带动社会资本加大科技创新和成果转化投入，建立多元化、多渠道的科技投入体系。综合运用无偿资助、后补助、奖励、政府采购、税收减免、风险补偿、股权投资等多种直接和间接投入方式，使各类创新活动和创新链的各个环节都能得到政府资金的支持，带动社会资源向创新链的各个环节聚集。明晰政府与市场的边界，对政府引导企业开展的科研项目，既要避免政府"缺位"，又要防止政府"越位"。对其他有偿支持的政府资金，形成合理的市场进入与退出机制，建立起财政资金"投入—运营—退出—再投入"的良性循环机制[2]，增强财政科技资金的引导、放大效应。

---

[1] 参见习近平：《加强基础研究 实现高水平科技自立自强》，《求是》2023年第15期。
[2] 参见贾永飞、尹翀：《加大基础研究投入给科技创新注入"强心剂"》，《科技日报》2021年1月8日。

在投入规模上，建议建立中央财政对基础研究领域的长期投入预算制度、稳定投入和增长机制，不断提高基础研究经费投入占 GDP、占研发经费的比重；以中央财政投入引导地方提高基础研究投入比例，鼓励经济发达地区根据需求增加对基础研究的投入。在投入方向上，应围绕产出重大原创成果这个主线，聚焦国家重大战略需求和产业发展中的关键瓶颈，加强前沿导向的探索性基础研究、战略导向的体系化基础研究、市场导向的应用型基础研究投入[①]；还应确保国家重点实验室等国家战略科技力量的基础研究经费，将更多财政资金投入企业不能为、不想为的源头创新上去。在分配使用机制上，应持续深化基础研究经费分配使用机制改革，赋予科学家更大技术路线决定权和经费使用权，同时进一步强化监管，确保下放的自主权接得住、管得好，不断提高资金使用效率。

激活企业参与并投入基础研究的新动力。必须深入实施并细化现行的针对企业基础研究投入的税费优惠政策，确保税前扣除、加计扣除等策略得到全面贯彻；同时，探索实施可返还的税收抵免、延期抵扣等创新措施，并赋予地方政府根据地区发展状况灵活设计激励企业投入基础研究的政策，以持续推动政策创新。要妥善协调新型举国体制与市场机制的关系，研究联合资助方案，鼓励企业增加对基础研究的投入，协助有实力的领军企业设立前沿基础研究基金、联合基金及奖项，支持企业与高校、科研机构共建研发平台和实验室，构建紧密的产学研创新体系，强化原始创新能力。对于有市场潜力的基础研究及应用基础研究，政府可通过购买服务等方式引导企业进行前瞻性布局，进一步提升企业参与和投入基础研究的广度、深度和力度。

努力拓宽基础研究社会投入渠道。首先，营造社会资本积极关注并支持原始创新、基础研究的良好环境，明确基础研究在捐赠领域

---

① 参见韩凤芹、马婉宁：《高水平科技自立自强下基础研究投入的新思路》，《科学管理研究》2023年第4期。

的重要地位。其次，完善社会捐赠支持基础研究的顶层设计和相关配套措施，畅通捐赠途径，优化法律法规和政策机制，规范捐赠接收流程和监管机制。再次，积极引导社会捐赠流向基础研究，建立个人捐赠基础研究的税收减免制度，提高个人捐赠意愿；加速构建基础研究公益捐赠体系，提升非营利组织对基础研究投入的贡献。最后，不断创新和丰富基础研究投入方式，拓宽经费来源渠道，如探索科技金融对基础研究的有效支持模式，推动我国基础研究多元化投入机制迅速完善。

（二）完善基础研究问题发掘与筛选评估机制

实现更多"从0到1"的突破和推动科技的发展需要探索前沿性原创性科学问题发现和提出机制、完善颠覆性和非共识性研究的遴选和支持机制，并构建从国家安全、产业发展、民生改善的实践中凝练基础科学问题的机制。

探讨并构建一套有效机制以发掘和提炼前沿性原创性科学问题是至关重要的。前沿性原创性科学问题发现和提出机制是指探索未来科学技术发展前沿，提出具有原创性和颠覆性的科学问题，并将其转化为科研项目的过程。这需要科研机构和科研人员具备前瞻性和创新性思维，敢于挑战传统观念和权威理论，提出新的科学问题，并通过科学实验和理论研究，验证和完善这些科学问题。为了实现这一目标，需要加强对科研机构和科研人员的培养，提高他们的创新能力和科研水平。同时，还需要建立科学问题发现和提出机制，鼓励科研人员提出新的科学问题，并提供相应的科研支持和资源。此外，还需要加强对科研成果的评价和奖励，鼓励科研人员积极探索前沿性原创性科学问题。

为了更好地识别、支持并推进颠覆性和非共识性研究，要进一步完善相应的遴选和支持机制。颠覆性和非共识性研究是指对传统观念和权威理论进行挑战，提出新的科学观点和理论的研究。这种研究具有原创性和颠覆性，但同时也面临着较高的风险和挑战。为了支持和推动这种研究，需要完善颠覆性和非共识性研究的遴选和支持机制。首先，需要建立科学问题评价和筛选机制，对提出的科学问题进行评价和筛选，筛选出具有创新性和颠覆性的科学问题。其次，需要建立科研项目支持和资助机制，为这些科学问题提供科研支持和资助。此外，还需要建立科研成果评价和奖励机制，鼓励科研人员进行颠覆性和非共识性研究。

建立从现实问题中凝练基础研究核心议题的机制。基础科学问题的凝练是将从国家安全、产业发展、民生改善等现实实践中发现的科学问题转化为基础科学研究项目的过程。这需要科研机构和科研人员具备实践经验和科学素养，能够从实践中发现科学问题，并将其转化为科研项目。为了实现这一目标，需要加强科研机构和科研人员的实践经验和科学素养的培养。同时，还需要建立基础科学问题凝练机制，鼓励科研人员从实践中发现科学问题，并将其转化为科研项目。此外，还需要加强对科研成果的评价和奖励，鼓励科研人员将科研成果应用于实际生产和社会生活中。

（三）持续扶持基础与冷门学科研究发展

随着我国经济社会的蓬勃发展，科技创新和基础研究的重要性日益凸显，对国家自然科学基金的改革需求也愈发迫切。为达成此目标，我们必须不断深化国家自然科学基金改革，优化学科布局，为长期从事基础与冷门学科研究的科学家和团队提供稳定支持，以此强化基础理论研究能力。

国家自然科学基金在推动我国基础研究高质量发展中扮演着至关重要的角色，为源头创新能力的全面培育作出了杰出贡献。其大部分项目通过公平竞争的方式向科技界开放，旨在为更多科研工作者提供展现才华的舞台。基础研究的特性决定了其突破点的难以预测性，因此，国家自然科学基金通过广泛且大量的资助方式，实现对自然科学领域的全面覆盖，并从中发掘潜力人才，为其后续提供更为稳定和高强度的支持。作为基础研究资助的主渠道，国家自然科学基金已成为众多科研人员获取稳定资助的可靠来源。

在加强基础研究方面，我们必须坚持目标导向和自由探索并重的原则，将世界科技前沿与国家重大战略需求及经济社会发展目标紧密结合。原创探索项目具有非共识和高失败率的特点，因此，国家自然科学基金委应建立一套有利于支持原创思想的创新管理机制，如深入推进原创探索计划项目，以资助那些传统遴选机制下难以获得支持的具有非共识、颠覆性、高风险等特征的原创项目。同时，持续完善和创新评审管理机制，做好项目跟踪管理和结题评估工作，鼓励探索、宽容失败，并对有望取得突破性原创成果的项目给予延续资助。

在优化学科布局方面，"双一流"建设应建立健全国家急需学科专业引导机制，按年度发布重点领域学科专业清单，鼓励高校着力发展国家急需学科。加强数理化生等基础理论研究，扶持一批"绝学"、冷门学科，以改善学科发展生态。支持高校瞄准世界科技前沿和关键技术领域优化学科布局，整合传统学科资源，强化人才培养和科技创新的学科基础。对现有学科体系进行调整升级，打破学科专业壁垒，推进新工科、新医科、新农科、新文科建设，以满足社会对高层次人才的需求。同时，布局交叉学科专业，培育新的学科增长点。

根据基础学科特点和创新发展规律，实行建设学科长周期评价，为基础性、前瞻性研究创造宽松包容的环境。建设一批基础学科培养基地，以批判性思维和创新能力培养为重点，强化学术训练和科研实践。推动应用学科与行业产业、区域发展的对接联动，更新学科知识、丰富学科内涵。重点布局建设社会需求强、就业前景广阔、人才缺口大的应用学科。创新交叉融合机制，促进自然科学之间以及自然科学与人文社会科学之间的交叉融合，围绕人工智能、国家安全、国家治理等领域培育新兴交叉学科。完善管理与评价机制，防止简单拼凑现象的发生，形成规范有序、更具活力的学科发展环境。此外，还应鼓励高校扩大博士后招收培养规模，将博士后作为重要的师资来源之一。加大长期稳定支持的力度，为青年人才深入"无人区"进行潜心研究提供必要的条件和制度保障。关心关爱青年人才成长与发展，破除论资排辈等陈旧观念与做法，支持青年人才在科研工作中挑大梁、当主角。

三、着力深化科研评价制度改革

科技人才评价是人才发展的基础性制度和深化科技体制改革的重要内容，对培育高水平科技人才队伍、产出高质量科研成果、营造良好创新环境至关重要。党中央、国务院高度重视科技人才评价工作。习近平总书记在2021年两院院士大会上的重要讲话中指出，要"破四唯"[1]和"立新标"并举，加快建立以创新价值、能力、贡献为导向的科技人才评价体系[2]；在中央人才工作会议上的重要讲话指出，要完善人才评价体系，加快建立以创新价值、能力、贡献为导向的人才评价体系[3]，为进一步深化科技人才评价改革指明了方向、明确了要求。2018年，中共中央办公厅、国务院办公厅分别印发《关于分类推进人才评价机制改革的指导意见》《关于深化项目评审、人才评价、机构评估改革的意见》，对分类健全评价标准、改进创新评价方式、加快推进重点

---

[1] "四唯"指唯论文、唯职称、唯学历、唯奖项。
[2] 参见习近平：《在中国科学院第二十次院士大会、中国工程院第十五次院士大会、中国科协第十次全国代表大会上的讲话》，《人民日报》2021年5月29日。
[3] 参见《习近平在中央人才工作会议上强调 深入实施新时代人才强国战略 加快建设世界重要人才中心和创新高地》，《人民日报》2021年9月29日。

领域评价改革、健全完善评价管理制度、推进"三评"改革等作出系统部署。① 各地方和相关部门认真落实中央要求，出台"破四唯"等一系列相关改革举措，科技人才评价改革取得积极进展。但与广大科研人员的诉求和实现高水平科技自立自强相比，科技人才评价改革还存在落实难、落实不到位的问题，科技人才获得感不强。为进一步激发科技创新活力，必须聚焦"四个面向"，围绕国家科技任务用好用活人才，创新科技人才评价机制，以激发科技人才创新活力为目的，以"评什么、谁来评、怎么评、怎么用"为着力点，以"破四唯"和"立新标"为突破口，以深化改革和政策协同为保障，按照创新活动类型构建以创新价值、能力、贡献为导向的科技人才评价体系，引导各类科技人才人尽其才、才尽其用、用有所成，为实现高水平科技自立自强和建设世界科技强国提供有力人才支撑。②

（一）打造科技人才崭露锋芒的高效机制

创新之源泉，在于人才之汇聚。欲得人才，必须广开才路，储备群英。尊重人才成长的自然规律，解决人才结构的内在矛盾，构建层次分明、衔接有序的人才梯队，是我们培养国际级战略科技人才、领军人物、青年才俊和创新团队的关键。面对新的国际科技竞争态势，我国科技创新要想取得优势，必须增强自主创新能力，特别是在原创性和核心技术上的突破。为此，建立高质量的人才自主培养体系至关重要，要打造一支爱国、团结、自信、勇于攻坚的创新队伍，以确保科技发展的主动权牢牢掌握在自己手中。

科研实践是培育创新型科技人才的基石。要充分利用我国科技创新的广阔舞台，将优秀科技人才的培养与重大科技任务、科研布局、创新平台等紧密结合，为他们提供更丰富的成长土壤。通过国家级的

---

① 参见朱宁宁：《为建设世界科技强国提供人才支撑》，《法治日报》2022年11月29日。
② 参见刘垠：《科技人才评价改革有了新部署》，《科技日报》2022年11月10日。

重大科技任务和创新平台，更快地培养出战略科学家和领军人物。根据国家科技发展的优先领域，提供持续稳定的支持和保障，打造与学科发展、前沿交叉、重大战略任务相适应的高水平创新团队，并赋予领军科学家更大的创新自主权。发挥新型举国体制的优势，加强在关键核心技术和颠覆性创新方面的重大科技任务的组织与实施，形成一批具有核心竞争力的创新领域和高地，吸引和造就国际级的战略科学家、科技领军人才以及从事原创性、引领性、颠覆性、系统性创新的高水平人才。围绕学科布局和高水平团队建设，加强原始创新人才和青年人才的培养。通过加大对基础研究的投入，聚焦重大原创成果，前瞻性地部署、稳定地支持和重点培育一批具有引领作用的交叉前沿方向。建立适合非共识项目研究的评价和激励机制，鼓励和支持原始创新。对于青年科研人员，要加大资助力度，让他们在重大科技攻关和重要岗位上锻炼成长，并建立与他们的岗位、能力、贡献相匹配的激励机制，构建完善的人才梯队结构。

党的十九届四中全会系统总结了我国国家制度和国家治理体系的显著优势，其中一个重要方面就是"坚持德才兼备、选贤任能，聚天下英才而用之，培养造就更多更优秀人才"[1]。在构建科技管理体制和政策体系时，必须遵循科研规律，改进科技评价机制，充分利用中国特色社会主义制度的优势，深刻理解和尊重科技创新的基本规律，这是有效发掘和使用科技人才的基础。我们要确立正确的人才选用导向，构建一个以事业需求为导向的人才选拔标准，建立一套针对各类人才特点、实施精准支持的人才服务体系，构建一种以目标为核心的人才评价机制，推动形成一个有序、高效的人才市场竞争环境。聚焦事业需求，汇聚"高精尖缺"人才力量，积极倡导开放创新理念，系统规划并全面布局国内外人才引进工作，不仅注重对顶尖人才和高层次人

---

[1] 《十九大以来重要文献选编》（中），中央文献出版社2021年版，第271页。

才的引进，同时关注对优秀青年人才、关键技术人才以及实用型人才的引入，大力吸引海外人才和创新团队，强化优势、弥补短板，以优化引才结构为目标，着重强化高水平创新团队建设，引导各类优秀人才投身科技强国建设的宏伟实践中。强调精准施策，完善人才分类支持体系，根据不同创新活动如基础研究、应用基础研究、技术创新等特性，细化人才分类组织、分类管理和分类支持方式，改革科研项目的执行与管理模式，确保各类人才的发展与创新链紧密结合。强调有序流动，规范人才市场竞争行为，旨在充分调动人才效能，促进科研院所、高校、创新企业以及东西部地区等不同领域、不同区域间的人才有序流动与协同发展。对于中西部地区，将采取特殊政策以加大人才培养力度和稳定人才储备。突出用人主体作用，减少人才引进过程中的行政干预和资源依赖性，摒弃仅凭资历、头衔或待遇等表面指标的不良做法，规避人才市场的无序竞争现象。

（二）完善科技人才全方位评估机制

人才评价体系在中国科技人才的培养、甄选与使用过程中扮演着核心指引角色。建立以创新能力、品质、成效、贡献为核心的科技人才评价体系，对激发科技人才的积极性、主动性和创新精神，促进其专注于科研与创新，进而推动创新驱动发展战略的实施至关重要。然而，当前我国科技人才评价体系尚存一些问题，如评价标准不够科学、社会化评价程度不高，过度倚重项目资金、论文发表数量、专利持有量、所获奖项等级等量化指标，导致"唯论文、唯帽子、唯职称、唯学历、唯奖项"现象突出。因此，亟须构建以诚信为基础，注重创新能力、质量、实效、贡献的多元评价体系，充分发挥同行、用户、市场、社会等多方评价主体的作用，真实体现科技成果的原创性、科学价值、经济效益、社会效益。鉴于我国科技人才队伍日益多元化且各有所长，若缺乏科学分类，易导致评价指标设定不合理、评价过程紊乱、评价结果失真。依据科技人才的工作特性和科技活动的内在要求，应建立起与之相适应，按创新能力、质量、实效、贡献划分的分类评价体系。秉承"因岗定评"原则，针对不同领域和岗位设置差异化的评价指标体系，并建立相应动态调整机制，激励科技人才在各自领域和职位上作出贡献，防止对不同学科背景、职业发展阶段的科技人才采取单一尺度衡量。

基础研究人才的评价应以同行学术评价为主导，强化国际同行评价，重点考察其在解决重大科学问题上的原创能力、研究成果的科学价值、学术影响力等。而对于应用研究和技术开发人才，则侧重市场评价，评估其技术创新与集成能力、自主知识产权获取、重大技术突破、成果转化效果以及对产业发展的真实贡献。对于从事社会公益研究、科技管理服务和实验技术的人才，则应强化用户和社会评价，主要考量其工作效果、服务质量和支持能力。鉴于科学研究范式的深刻变化，科技创新更依赖于团队协作而非个体单打独斗，其成果价值也愈发难以简单量化。因此，在科技人才评价中，须全面考虑团队协作、个体贡献、成果价值、发展潜力等多个维度。打破"唯论文、唯帽子、唯职称、唯学历、唯奖项"的观念，建立新的评价标准，既要注重个体评价，又要结合团队评价，准确判断每位成员的实际贡献，严禁挂名造假。同时，纠正将论文发表数、专利数、项目数、经费量等与科技人才评价直接关联的做法，避免评价标准的绝对化，实施差异化评价，运用代表性成果评价，突出科技成果的质量和原创性价值。评价方式应更为丰富多样，包括考核、评审、述职、答辩、实践操作、业绩展示等多种形式，以构建科技人才多维度评价体系，确保评价结果与科技人员实际贡献相符。

为了更好地适应和引导评价体系的优化调整，需要改进科技人才评价的相关方式方法。首先，优化评价周期，遵循不同类型科技人才的成长发展规律，科学合理设置评价周期，兼顾过程与结果、短期与长期评价，强调中长期目标导向，避免过度频繁的评价考核。例如，可适当延长对基础研究人才和青年人才的评价周期，鼓励持久研究和长期积淀。其次，拓宽评价渠道，消除户籍、地域、所有制、身份、人事关系等方面的壁垒，保证非公有制经济组织、社会组织和新兴职业领域的科技人才能够参与评价。最后，减轻人才评价负担，简化评价程序，优化流程，防止多头、频繁、重复评价，确保公平、公正、公开，提高评价质量和公信力，建立评价专家的责任信誉制度，实施退出和问责机制。

强化用人单位在人才评价中的主体地位，保障其拥有评价自主权，减少不必要的政府主导评价活动，坚决去除"唯论文、唯帽子、唯职称、唯学历、唯奖项"倾向，落实代表作制度。坚持评价与使用相结合，支持用人单位建立健全人才分类评价指标体系，关注岗位职责履行情况，完善内部监督机制，使得人才发展与单位战略目标更加协调统一。按照深化职称制度改革的方向，分类完善职称评价标准，不再将论文发表、外语水平、专利数量、计算机水平作为应用型人才和基层一线人才职称评审的硬性限制。落实职称评审权限下放改革举措，允许符合条件的高校、科研院所、医疗机构、大型企业等独立开展职称评审。不简单依据学术头衔或人才称号来决定薪酬待遇和配置学术资源。

（三）强化科研诚信体系与监管机制构建

科研诚信是科技创新的基石。科研诚信已成为社会各界广泛关注的重点议题，亦是当前科技创新体系建设迫切需要解决的关键问题。近年来，我国科研领域出现的违背科研道德规范的现象，不仅侵害了广大科研人员的权益，同时也给国家带来了重大风险和损失。在全球科技迅猛发展的背景下，科研诚信建设面临新的挑战，对科技自立自强工作提出了更高要求，国际科技竞争格局亦带来全新的压力，促使科研监督工作需不断提升至新的高度。

强化科研全链条诚信监管机制，推行科研诚信承诺制。全国各级科技管理部门、行业主管机构、项目管理专业机构等应在科研活动中全面实施科研诚信承诺制度，涉及推荐、申报、评审、评估等活动的相关单位、人员及评审专家均需签署科研诚信承诺书，明确规定承诺内容及违背承诺后的处理办法。此外，应强化科研诚信审查，对科研活动申请人进行诚信审核，将科研诚信状况视为参与科技活动的必要条件，对严重违背科研诚信要求的行为实行"一票否决"。在院士推荐、科技奖励、项目评审、职称评定、学位授予等环节，必须纳入科研诚信审核。同时，应强化科研诚信合同的约束力，各类科研合同中应明确载明科研诚信义务及违背诚信责任的追究条款，对违规行为按照合同约定和相关规定严惩不贷。科研人员所在单位应严格管理本单位科研人员发表论文的情况，对在预警名单内的学术期刊上发表论文的科研人员及时警示，对于黑名单上的期刊发表的论文，在各类评审评价中不予承认，并停止报销相关发表费用。此外，还需建立健全科研成果管理制度，加强对科研成果质量、效益和影响力的评估，完善学术论文发表诚信承诺制、科研过程追溯制、科研成果核查报告制等。

加大对科研严重失信行为的惩罚力度，保持对严重违背科研诚信要求行为的高压打击态势。各级科技管理部门、相关行业主管部门或违规者所在单位，应视具体情况对责任人进行科研诚信诫勉谈话、取消项目立项资格、撤销已资助项目或终止项目合同、追回科研经费、撤销荣誉奖励、剥夺学位、撤销教师资格、收回医师执业证书等处罚；甚至可采取一定期限直至终身取消其晋升职务职称、申报科技计划项目、担任评审专家、院士推荐资格等措施；情节严重者，可依法解聘或解除劳动合同，终身禁止其在公立教育、医疗、科研机构任职，并将其科研不良信用行为记录入库；对于公职人员，依法依规给予行政处分；党员违纪者，依纪依规给予党纪处分；涉嫌诈骗、贪污科研经费等犯罪行为者，依法移送监察、司法机关处理。对隐瞒、包庇甚至欺诈获取资助项目的单位，也应视情给予约谈负责人、暂停或削减经费、录入科研不良信用行为数据库、移送司法机关处理等措施。同时，建立科研严重失信行为终身追责制度，一旦发现，无论何时都将启动调查处理程序，对拒绝配合调查、销毁研究记录以及多次违反科研诚信规定者，应从重处理。积极推动跨部门跨区域科研诚信信息共享，并依法依规对科研严重失信责任人采取联合惩戒措施，将科研诚信状况与学籍管理、学位授予、项目申报、职称评定、岗位聘用、荣誉表彰、院士推荐、创新平台评审、创新型企业认定、重大人才工程实施等多方面挂钩。在行政许可、公共采购、评先创优、金融支持、资质等级评定、纳税信用评价等方面，将科研诚信状况作为重要参考依据，同时在科技项目申报、创新平台建设、科技奖励评定、创新型企业发展等环节，对被列入社会信用黑名单的单位和个人，按照规定限制其申报资格，以此全面提升科研诚信水平，确保科技创新的健康发展。

大力弘扬科学家精神，引导广大科技工作者始终秉持国家利益和人民利益至上的原则。科研成就的铸就离不开科学家精神的滋养，这种精神是科技工作者在长期科研实践中积淀的宝贵精神财富。在2020年9月11日召开的科学家座谈会上，习近平总书记鼓励广大科学家和科技工作者弘扬科学家精神，肩负起历史责任，坚持面向世界科技前沿、面向经济主战场、面向国家重大需求、面向人民生命健康，不断向科学技术广度和深度进军。[1] 党的二十大报告对"加快实现高水平科技自立自强"作出重要部署，并要求在全社会"培育创新文化，弘扬科学家精神，涵养优良学风，营造创新氛围"[2]。在迈向高水平科技自立自强的新征程上，必须大力弘扬科学家精神。广大科技工作者要有

---

[1] 参见《习近平在科学家座谈会上的讲话》，《人民日报》2020年9月12日。
[2] 习近平：《高举中国特色社会主义伟大旗帜　为全面建设社会主义现代化国家而团结奋斗——在中国共产党第二十次全国代表大会上的报告》，人民出版社2022年版，第35页。

勇攀高峰的决心和信心，面向科技前沿、面向经济发展主战场、面向国家重大需求和人民生命健康，努力攻克科技难题，勇于探索新理论、开辟新领域、寻找新路径，敢于面对挫折、尝试错误，在独创独有上下苦功，致力于解决制约国家发展的重大瓶颈问题；要沉稳专注、心无旁骛，耐得住寂寞，敢于坐"冷板凳"，持之以恒、深耕细作；要增强跨界融合思维，倡导团队合作精神，构建协同攻关和跨界协作机制；要具备全球视野，积极参与国际合作，秉持合作共赢理念，为科技进步和构建人类命运共同体提供中国智慧和中国方案。

四、打造科技、产业、金融一体化政策体系

大力发展具有高技术含量、强劲增长动力和较高附加值的新兴产业，以提升科技进步对经济增长的贡献比重，进而迅速跻身创新型国家前列，是我国实现高质量经济发展的必然途径，也是加快构建新型发展格局的战略选择。面临世界百年未见的大规模深层次变革加速推进，我国急需深化科技创新与产业的深度交融，持续挖掘发展新领域、开辟竞争新赛道。要充分利用金融作为"助推器"的强大驱动功能，强化宏观政策之间的协同效应，推动形成"科技—产业—金融"的良性互动循环[①]，打造充满活力且具备竞争优势的现代化产业体系，以此在全球产业链供应链重构的过程中塑造我国经济发展的全新动能和竞争优势。

（一）健全科技成果转化收益合理分配机制

科技成果转化是指将科技研究的成果转化为实际的经济效益和社会价值的过程。在当今社会，科技成果转化已经成为推动经济发展和社会进步的重要手段。为了激励科研人员积极参与科技成果转化工作，

[①] 参见涂永红：《推动"科技—产业—金融"良性循环》，《人民论坛》2023年第6期。

建立科技成果转化收益合理分配机制势在必行。健全科技成果转化收益合理分配机制，赋予科研人员职务科技成果所有权或长期使用权，推动科技成果评价的社会化、市场化和规范化。深化科技成果产权制度改革，在明确单位科技成果转化权益前提下，实施职务科技成果全部或部分赋予成果完成人。结合单位实际，将单位所持有的职务科技成果所有权部分赋予成果完成人，单位与成果完成人成为共同所有权人；也可将留存的所有权份额，以技术转让的方式让渡给成果完成人，科研人员获得全部所有权后，自主转化。对可能影响国家安全、国防安全、公共安全、经济安全、社会稳定等事关国家利益和重大社会公共利益，以及涉及国家秘密的职务科技成果，不纳入赋权范围。[1] 赋予科研人员不低于10年的职务科技成果长期使用权。科技成果完成人应向单位申请并提交成果转化实施方案，由其单独或与其他单位共同实施该项科技成果转化。单位与科技成果完成人签署书面协议，合理约定成果收益分配等事项。在科研人员履行协议、科技成果转化取得积极进展、收益情况良好的情况下，单位可进一步延长科研人员长期使用权期限。[2]

遵循科技成果转化规律，落实职能部门、优化管理流程、完善考核方式，探索建立区别一般国有资产的科技成果资产管理制度，开展台账登记、权利维护、成果放弃等贯穿科技成果转化全链条的成果管理，完善科技成果资产确认、使用和处置等规范化的资产管理，建立健全市场导向的价值评估路径，推动科技成果管理从"行政控制资产"向"市场配置资源"转变。[3] 构建专门的技术转移机构（部门），建立专

---

[1] 参见葛章志：《赋权改革背景下职务科技成果共同所有权的行使逻辑》，《科技进步与对策》2023年第1期。

[2] 参见科技部等九部门印发《赋予科研人员职务科技成果所有权或长期使用权试点实施方案》，2020年5月18日。

[3] 参见魏群：《基于政策文本分析的福建省职务科技成果单列管理改革建议研究》，《情报探索》2023年第10期。

业高效、机制灵活、模式多样的科技成果运营服务体系，积极与第三方专业技术转移机构合作，建立利益分享机制，共同开展专利申请前成果披露、转化价值评估、转化路径设计、知识产权保护、技术投融资等服务，或委托其开展专利等科技成果的集中托管运营。

（二）发挥市场在配置创新资源中的决定性作用

习近平总书记在中国科学院第十九次院士大会、中国工程院第十四次院士大会上指出："要发挥市场对技术研发方向、路线选择、要素价格、各类创新要素配置的导向作用，让市场真正在创新资源配置中起决定性作用。"[①] 要建设开放互联的技术要素市场，利用市场机制引导技术研发方向和创新资源配置，大幅提升科技成果转移转化的效果。要构建快速响应新技术新产品准入的机制，并切实执行自主创新产品政府采购等相关扶持政策，以推动科技成果实现工业化规模化应用。坚持以市场需求和企业需求为导向，将技术视为自由流通的市场要素，依照市场规律进行定价交易和创新资源配置决策，以市场导向指导技术研发方向和路径选择，推动科技创新供给侧结构性改革。强调研究活动的价值引领作用和产品研发的市场化驱动力，注意创造性研究活动与商业化开发活动之间的差异性以及研究活动的整体性和连贯性。从科研发现、筛选到攻关，再到科技成果的产品化转化，均应围绕市场需求和企业需求展开，构建以市场为主导的技术创新和转化模式，优化创新要素配置，形成"市场需求—技术创新"的发展模式，推动要素流动、机构协同和研发活动的一体化。摒弃原有的"先科研成果后找市场和企业转化"的模式，转向直接对接市场需求的研发。强化工业实验室在产业升级中的核心作用，建立与产业布局紧密结合的工业实验室体系，使其研究活动自始至终以市场需求为导向，主动创造

---

① 习近平：《努力成为世界主要科学中心和创新高地》，《求是》2021年第6期。

需求，引领市场潮流。成果转化不仅仅是原始科研成果，更重要的是后续集成技术的应用，这往往需要系统深入的研究。某些技术转化的过程甚至比原始创新更为艰难，原始创新可能只解决了1个问题，而在推向市场应用的过程中，可能还会有99个问题需要通过研究和集成创新来解决。

坚持以需求拉动和问题导向为核心，引导人才、项目、政策等各种创新资源要素向企业集中，持续释放和激发企业的创新潜能。充分发挥市场驱动作用，确保企业在技术创新决策、研发投入和成果转化过程中占据主体地位。符合条件的企业应能参与国家级和地方重大技术创新项目的竞争性申报，并以技术集成、专利、国内外标准、转化生产力提升、产业结构调整、生产效率改善等多种指标进行综合评估。强化企业品牌和标准建设，激发国有企业和大型民营企业创新活力，促进其转型升级，同时加快培育战略性新兴企业，推动高新技术企业集群集聚，形成本地区具有特色和竞争力的产业集群。鼓励企业增加研发投入，优化投入结构，支持企业自主开展技术交流与合作，建立技术创新中心、联合实验室、研发中心、产业技术协同创新研究院、产业技术创新战略联盟、公共服务平台、工程实验室等多种研发机构，推动企业与高校院所协同创新，瞄准关键技术需求和潜在市场机会，实现技术创新与市场需求的高效对接和供需均衡。高校院所应鼓励人才赴企业任职或提供服务，允许兼职兼薪，构建兼具稳定性与灵活性、刚性与弹性的引才用才机制。探讨调整行业和地方科研机构的依托主体，将面向国民经济主战场、应用性强的科研院所归属企业，建立企业技术研发研究所。但在这一过程中，应避免"小马拉大车"的现象，减轻企业创新负担，增强企业创新动力。

（三）强化金融市场及工具对科技创新的支持力度

新发展格局下，中国经济实现高质量发展依赖科技创新。然而，我国现有的银行主导型金融体系无法满足科技型企业及中小企业的融资需求。与此同时，中国资本市场还没有发展成为多层次的成熟市场，科技型企业及中小企业无法获得有效的融资渠道。因此，金融行业发挥自身优势，在推动经济高质量发展的进程中不断支持科技创新和产业现代化发展，实现技术链和资金链的有机融合，推动形成金融市场和科技创新的良性循环，具有迫切性和必要性。建立完善覆盖科技型企业全生命周期的信贷产品体系，发挥多层次资本市场对科技型企业的直接融资作用，发挥政府创业引导基金和成果转化基金的带动作用，完善全链条的创业孵化载体建设，推动多元化科技型创新创业。

引入民间社会资金，促进产业多元融资。传统单一融资渠道无法满足产业融资需要，解决中小科技型企业融资难题，必须在传统企业所有制改革的基础上，逐步引入社会资金，推进多元化融资。充分发挥政府投资的引导作用，将财政拨款的直接融资支持逐渐转移至企业周期前段，利用优惠、补贴等产业政策手段聚集金融支持资源。积极引入民间资本，利用放宽市场准入、税收优惠等方式，鼓励个体、私营、保险等性质的社会资金，以技术、设备、劳务等形式参与军民融合产业投资。充分发挥资本市场作用，推动企业上市，拓宽直接融资渠道，为企业融资筹集大量资金。

优化科技金融结构，拓宽风险资本比例。结合产业类型、成长阶段的融资需求，构建产业相匹配的科技金融结构。为符合产业发展初期资本形成需要，应建立"政府主导+市场为辅"的科技金融结构；产业成长中期更容易取得商业信用，应建立"市场主导+政府引导"的科技金融结构；产业后期具备成熟的融资能力，应加强以直接融资为主的低融资成本渠道。随着市场化程度越来越高，政府介入逐渐减少，应加快推进金融支持方式从间接融资向直接融资转变、从政府机构向市场主体转变、从财政支出向多元化融资转变。同时，将拓宽风险资本比例作为科技金融支持产业发展的关键核心。针对产业高风险特性，进一步加强风险投资体系建设，建立健全风险资本退出机制，鼓励社会资本进入风险资本市场。

加大金融支持力度，搭建金融服务平台。科技金融服务平台是促进科技与金融结合，提高金融精准支出力度的重要手段和有效途径。要完善金融服务平台，依托互联网共享和开放的环境，构建以信用平台、投融资平台、中介服务平台、信息担保平台为主体，线上线下相结合的金融服务平台，为产业提供信息沟通、资源共享、综合评估等综合性金融服务，进而有效提升金融服务的效率和效益。要抓住现阶段互联网发展的历史机遇，通过线上线下的平台模式，整合分散各地的资源要素，促进更多企业、技术、资金等项目落地。要深耕专业化运营能力，在传统投融资业务的基础上，不断探索创新金融服务产品，为企业发展不同阶段提供差异化的融资服务。

健全相关政策体系，完善产业融资环境。要确保科技金融促进产业有序发展，就必须破除产业融资的政策性、体制性障碍，就必须健全相关法规政策体系，完善产业融资环境。将全面创新改革实验与工业改革相结合，以采购体制、企业制度、知识产权制度为抓手，进一步发展混合所有制经济、深化企业所有制改革，打破军民融合发展中的利益藩篱，调动各利益主体的动力和活力。进一步健全配套政策体系，采取产业基金、风险补偿、贷款贴息的方式，鼓励民间社会资金支持重点产业发展。进一步整合现有各级抑制性政策，发挥政策的合力和引导作用，研究引导民间资本参与军民融合领域的政策，加快形成财政、金融、创新、区域相结合的政策支持体系。[①]

（四）完善知识产权保护体制机制

知识产权的高质量创造是创新驱动发展战略的核心构成，其高效

[①] 参见张莹、董晓辉、阚文刚：《科技金融促进军民融合产业发展研究》，《财务与金融》2019年第2期。

益运用则是推动创新发展的重要通道。为此，应当着重强化知识产权保护工作，从创新投入、研发过程到保护策略等多层面着手，指导各类创新主体在关键和前沿领域强化专利布局，并加强知识产权交易和运营服务体系建设，通过构建完善的知识产权保护体系，充分调动全社会的创新潜能，有效激活知识产权创造力，为推动经济社会高质量发展提供坚实保障。

完善以企业为核心、市场为导向的高质量知识产权创造机制，以知识产权的质量和价值为基准，改革与完善知识产权考核评价体系。引导各类市场主体整合专利、商标、版权等多种类型的知识产权资源，孵化出一批知识产权竞争力强大的世界一流企业。深化实施针对中小企业的知识产权战略推进工程，并优化国家科技计划项目的知识产权管理机制。特别是在生物育种前沿技术和重点领域，要加快培育拥有自主知识产权的优质植物新品种，提升授权品种的整体质量。

构建运行高效、价值实现充分的知识产权运用机制，着重培育专利密集型产业，建立相应的产业调查机制。充分发挥专利导航在区域经济发展、政府重大项目投资决策中的积极作用，尤其在传统产业改造升级、战略性新兴产业培育以及未来产业发展规划中，大力推进专利导航的应用。改革和完善国有知识产权的所有权归属和权益分配机制，赋予科研机构和高校更大的知识产权处置自主权。建立国家财政资助科研项目产生的知识产权声明制度，并构建知识产权交易价格统计发布机制。推动商标品牌的建设与发展，强化驰名商标的保护力度，同时发扬光大传统品牌和老字号，积极培育具有国际知名度的知名品牌商标。通过集体商标、证明商标制度的实施，打造特色鲜明、竞争力强且享有良好市场声誉的产业集群品牌和区域品牌。推动地理标志与特色产业、生态文明、历史文化传承以及乡村振兴的有效融合，提升地理标志品牌的影响力及其产品附加值，实施地理标志农产品保护工程。深入推进知识产权试点示范工作，促使企业、高校和科研机构逐步完善知识产权管理体系，鼓励高校和科研机构设立专业化的知识产权转移转化机构。

构建规范有序且充满活力的知识产权市场化运营机制，提升知识产权代理、法律、信息、咨询服务的专业化水平，支持知识产权的评估、交易、转化、托管、投融资等增值服务的开展。通过实施知识产权运营体系建设工程，搭建集多功能于一体的综合性知识产权运营服务枢纽平台，构建多个以产业为导向、带动区域发展的运营平台，并培育具有国际化、市场化、专业化服务能力的知识产权服务机构，实施知识产权服务业的分级分类评价。不断完善无形资产评估制度，构建激励与监管相辅相成的管理机制。稳健推进知识产权金融发展，健全知识产权质押信息平台，鼓励实施多种形式的知识产权混合质押和保险业务，积极探索知识产权融资模式的创新。完善版权交易和服务平台，强化作品资产评估、登记认证、质押融资等服务功能，积极开展国家版权创新发展建设试点工作，并打造全国范围内的版权展会授权交易体系。

五、完善科技创新国际合作与交流机制

人类生活在同一个地球村，各国利益休戚与共、命运紧密相连，人类比以往任何时候都更需要携手前行、共克时艰。今天，没有哪一个国家可以成为独立的创新中心或独享创新成果，推动全球科技创新协作对于应对人类面临的全球性挑战具有重要意义。只有深化全球科技交流合作，努力构建合作共赢的伙伴关系，应对人类共同挑战，才能更好实现自身发展，同时惠及更多国家和人民，推动全球范围平衡发展。

（一）积极参与和构建多边科技合作机制

科技创新，离不开国际视野和全球思维。加强国际科技合作，既是深刻总结国内外历史经验的必然选择，也是深度把握世界科技变革

规律的必由之路，更是深入推进共建人类命运共同体的必然遵循。要实施更加开放包容、互惠共享的国际科技合作战略，有效提升科技创新合作的层次和水平，加强与世界主要创新国家的多层次、广领域科技交流合作，积极参与和构建多边科技合作机制，深入实施"一带一路"科技创新行动计划，拓展民间科技合作的领域和空间。

优化顶层设计，构建成体系、多层次、全方位、有重点的国际科技创新合作战略。高水平科技自立自强强调关键核心技术自主可控，在国际竞争中掌握更多主动权。要统筹国家和地方、企业和科研院所、行业发展和社会民生不同层面需求，研究提出符合中国国情的新时期开放合作总体战略，加快构建分工合理、协同有序的开放合作战略体系，并针对不同国家的科技创新优势及产业发展需求等，制定差异化的科技创新合作政策。要稳步扩大技术创新领域规则、管理、标准等制度性开放，并推动我国在科技创新法律、知识产权保护、行业技术标准、科技成果转化等方面与国际接轨。要加强国际科技合作领域的税收、财政、金融等制度体系建设，出台国际科技创新合作相关税收优惠政策，完善科技资本跨境流动机制，建立跨境科技资本融资制度，提高金融市场配置国内外创新资源的能力。准确把握当前国际科技创新变化趋势，总结政府间科技合作联委会、创新对话、科技伙伴关系等机制，瞄准主要创新大国和关键小国，结合我国重大需求，精准选择合作领域，开辟多元化合作渠道。强化中美创新合作，深化中俄合作，用好欧洲科技创新资源，抓准中日韩合作机会，开展好同以色列等国家的科技创新合作，不断谋局东亚、"一带一路"等重点创新区。

聚焦关键领域，提升国际科技交流合作话语权。要聚焦重点领域关键核心技术问题，滚动出台相关技术清单，支持国内创新主体与国际高水平科研院所开展联合攻关，保障国内产业链、供应链安全可控。围绕前沿重大科学问题，支持国内科研院所牵头组织国际大科学计划和大科学工程，参与或牵头成立国际科学组织。充分挖掘政府间、合作机构间的利益交汇点,在"一带一路"倡议、区域全面经济伙伴关系协定、国际大科学计划和大科学工程等机制下,共建联合研究机构、科技园区、数据共享平台等,深化实质性国际科技交流合作,拓展科技合作深度。要发挥行业联盟、社团的纽带作用,支持引导产业界、科研界、科技社团对接国际资源,搭建多元化国际科技合作渠道。要发挥领军企业"引进来"的核心作用,聚焦全球一流创新技术和研发平台,打造高水平的国际联合研发基地、技术开发平台和技术转移机构。支持战略性新兴产业"走出去",通过建立海外研发中心、分支机构等方式,快速融入全球创新网络,充分利用全球科技资源。

(二)深度参与全球创新治理

当前,新一轮科技创新治理理念方兴未艾,治理环境日益复杂,治理规则竞争激烈,全球科技创新治理体系出现深刻变化。与发展需求相比,现有的资源配置、空间网络等系统要素难以支撑我国深度参与全球科技创新治理,我国必须聚焦事关全球可持续发展的重大问题,设立面向全球的科学研究基金,加快启动我国牵头的国际大科学计划和大科学工程,鼓励支持各国科学家共同开展研究。

积极参与并牵头国际大科学计划和大科学工程。围绕世界科技前沿和驱动经济社会发展的关键领域以及面向全球共同挑战议题,形成具有全球影响力的大科学计划和大科学工程布局,开展高水平科学研究,培养引进顶尖科技人才,推动科技成果在世界范围内的共享,增强凝聚国际共识和合作创新能力。加速推进由我国主导的国际科技组织建设,支持科学家在重要国际学术组织中担任领导职务,支持我国更多的科学家加入国际组织参加国际会议、担任国际科技期刊编委等。提高参与全球科技治理的专业化水平,加强对国际规则的研究和全球治理人才的培养。应对新兴技术带来的国际创新治理挑战,牢牢把握国际新规制定主导权。例如,以人工智能、人脸识别、超算、5G 等为主的新兴技术成为应对新冠疫情的关键手段，同时也引发个人隐私保护、虚假信息大流行、生物伦理、网络安全等新兴的全球性风险，迫切要求各国强化新兴技术应用监管。我国宜继续加强政府主导下的企业积极参与全球技术标准制定战略方向，加强我国在国际标准组织中的地位和作用，确保我国全球新兴技术治理规则制定主动权。

围绕气候变化等全球共同挑战，在深化科学合作和应对共同挑战中不断扩大共同利益基础。深入毛细血管的科技人文交流是我国科技创新能力开放合作的基础。国际大科学计划和大科学工程、应对全球共同挑战的科技合作是极为重要的平台。我国宜进一步谋划推动国际大科学计划和大科学工程，积极支持高校、科研机构及科学家充分利用各种机会，提升我国在国际科学界的地位和影响力。以国际社会能接受、可理解的语言讲好中国科技创新故事、传播好中国科技创新声音。中国科技创新不仅为实现中国人民对美好生活的向往提供支撑，也为世界科技进步和提升人类社会福祉作出了不可磨灭的贡献。要准确把握科技创新舆论宣传的特点和要求，及时有效地讲好中国科技创新故事，传播好中国科技创新声音。

（三）构建国际化人才制度和科研环境

创新资源配置全球化时代，科技人才全球配置的趋势愈发明显，高端科技人才的跨国流动日益频繁，深刻改变着各国的科技和产业发展图景，推动着知识和技术的共享、传播、扩散以及使用。引进专业技术人才的政策涉及国家治理和制度的各个方面，推行开放、多元的人才吸引政策是实现国家战略和利益的有效途径。当前，应进一步理解专业技术人才跨境流动的规律，优化人才制度和科研环境，增强吸引专业技术人才的制度优势和国际竞争力，提高引进专业技术人才的效率。

统筹推进法律规划体系建设，优化人才引进发展环境。一方面，政府应根据企业、高校、研究机构等用人单位的实际需求，为国际专业技术人才引进提供制度化保障，使得人才引进政策发挥法治引领和规范作用。面向全球吸引优秀青年来华攻读科学、技术、工程和数学专业博士学位，吸引具有创新潜能的青年科学家从事博士后研究。已经在华完成学业的外国留学生可作为人才引进的重要来源，通过实施在校留学生就业许可证制度，为其在校期间的就业实践提供机会，使其接受就业市场的过滤与检验。在市场环节加强对人才引进的监督，避免因外国专业技术人才引进挤占国内就业资源，干扰就业秩序。另一方面，搭建高效运行的科研平台，打造更具竞争力的科研条件和资助体系，优化人才引进发展环境。建议设立国家科技人才奖励基金，探索国家支持、科技创新主体主导建立科技人才国际合作交流基金，重点吸引世界顶尖科学家来华开展科研。建议利用国际人才流动聚集效应吸引国际高层次专家，通过提升待遇、给予特殊优惠政策等措施，优先引进获得"中华人民共和国国际科学技术合作奖"的外国科学家及其研究团队。

构筑信息共享的数字化专业技术人才平台，探索建立人才引进的"科技绿卡"。充分发挥积分评估政策的灵活性和稳定性优势，对国外引进人才的质量和数量实现双重控制。通过积分配额和职业清单政策，建立可以不断更新的人才供需机制，使技术人才引进能够更加有的放矢，适当放开科技工程专业外国人才在华工作的限制。探索建立"科技绿卡"制度，主要用于研究机构和大学吸引国外科研人员，为国外专业技术人才取得签证和在国内履行有关程序时提供便利。完善和整合科技发展重点领域国外人才数据库、留学人才以及高层次专业人才信息库，通过签证系统平台评价、筛选外国技术人才相关信息，构建集信息储存、沟通联络、信息发布于一体的人才网络。统筹政府部门间有关外国人才信息的共享机制，建立统一的人才信息平台，实现专业技术人才引进全领域、全过程的数字化、信息化。[①]

---

① 参见周长峰、董晓辉：《以全球视野谋划和推进科技创新》，《红旗文稿》2023年第23期。

第七章

重要支撑：积极建设世界重要人才中心和创新高地

习近平总书记指出："我国要实现高水平科技自立自强，归根结底要靠高水平创新人才。"①当前，人才是衡量一个国家综合国力的重要指标，综合国力的竞争说到底是人才的竞争，人才是自主创新的关键，创新人才具有不可替代的作用。准确理解创新人才的地位和作用，发挥创新人才的价值与潜力，是推动中国创新进步的重要途径。建设科技强国，就必须要有一支庞大、均衡、卓越的创新人才队伍。要做好顶层设计和战略谋划；要系统培育好国家战略人才力量；要更加重视增强人才自主培养能力；要大力弘扬科学家精神，加快建设世界重要人才中心和创新高地，为实现社会主义现代化提供人才支撑，为全面建成社会主义现代化强国打好人才基础。

一、进行高水平人才高地建设布局

党的二十大报告对"强化现代化建设人才支撑"进行专门部署，提出"教育、科技、人才是全面建设社会主义现代化国家的基础性、战略性支撑"，指出"必须坚持科技是第一生产力、人才是第一资源、创新是第一动力"②，强调要深入实施人才强国战略，完善国家人才战略布局，加快建设世界重要人才中心和创新高地。这些新的表述和要求，为我们指明了做好新时代人才工作的方向。在中央人才工作会议上，习近平总书记指出，"国家发展靠人才，民族振兴靠人才"，"在北京、上海、粤港澳大湾区建设高水平人才高地，一些高层次人才集中的中心城市也要着力建设吸引和集聚人才的平台，开展人才发展体制机制

---

① 习近平：《论科技自立自强》，中央文献出版社2023年版，第12页。
② 《习近平著作选读》第1卷，人民出版社2023年版，第27—28页。

综合改革试点"[①]。我们要以习近平总书记关于做好新时代人才工作的重要思想为指引，坚定地把人才作为创新发展的重要力量，根据国家的战略需求和行业需求来制定更具开放性和便捷性的人才引进与培训策略，营造优秀的人才创新环境，把高水平人才高地建设落到实处。

（一）北京、上海、粤港澳大湾区建设高水平人才高地

在历史的进程中，科学技术与优秀人才往往聚集于那些进步迅速、文化发达且富有创造力的地区。各类卓越人才高度集中在一地，这就意味着这个地区的城市或城市群将会成为科技创新、产业集聚、经济发展和改革开放的主要基地。唯有深入理解建立高水平人才高地的基本原则和本质要求，才能从国家和民族发展的整体视角来思考并推进其建设工作。

深刻认识建设高水平人才高地的战略目标。高水平人才高地代表着顶尖人才的大量汇集、高度发达的技术革新活动及快速增长的社会经济发展速度。北京、上海和粤港澳大湾区拥有显著的位置优势，强大的财政实力支持了众多的高级学府与研究机构，包括国家级实验设施和重点实验室，同时汇聚了一批领先的新兴产业公司，这些都构成了中国参与国际科学技术创新的核心竞争力并为其打造高水平人才高地提供了基本要素。因此，在北京、上海、粤港澳大湾区等地创建一流人才汇聚点，不仅仅是把某个特定的城市打造成精英荟萃之地，更重要的是在塑造新时代条件下人才发展的"雁阵格局"的过程中发挥其至关重要的领导角色，从而推动整个地区的共同发展。最终的目标在于实现"到2035年，形成我国在诸多领域人才竞争比较优势，国家战略科技力量和高水平人才队伍位居世界前列"[②]的战略目标，以满足实现第二个百年奋斗目标对人才的需求。

---

① 习近平：《论科技自立自强》，中央文献出版社2023年版，第269页。
② 习近平：《论科技自立自强》，中央文献出版社2023年版，第269页。

全面贯彻新时代人才工作的新理念、新战略和新举措。党的十八大以来，以习近平同志为核心的党中央作出重大判断，认为人才是实现民族振兴、赢得国际竞争主动的战略资源，回答了关于建设人才强国的重大理论和实践问题，提出了一系列新理念、新战略和新举措，为我们提供了根本遵循和行动指南。推进高水平人才高地建设是新时代人才工作的重要抓手，必须贯彻新的人才工作理念、战略和举措，坚持"四个面向"，即面向世界科技前沿、面向国家重大需求、面向经济主战场、面向人民生命健康，培养、引进和有效用好各类人才。

持续深化人才工作体制机制创新。习近平总书记强调，要"打通人才流动、使用、发挥作用中的体制机制障碍"[①]，"使各方面人才各得其所、尽展其长"[②]。深化人才发展体制机制创新，是构建人才制度优势以促进高质量发展的重要策略。近年来，北京、上海、粤港澳大湾区都在积极打造高水平人才高地，特别关注打破人才培训、运用、评估、服务、资助、奖励等环节的体制瓶颈，通过改革来激发活力。例如，北京针对首都市政需求、吸引和留住海外的高层次人才、建立全球科技研发中心等问题制定了一系列相关的人才政策。面向未来，三地必须抓住提升高水平人才高地建设的重大机遇，充分利用国家给予的相关人才政策，继续推动适应本地特色的人才体制机制改革创新，重点攻克人才授权、评定、使用、研究管理、成果转换等关键难题，加速形成有助于人才成长的教育环境、用人方式、激励手段、选拔标准，等等。

（二）积极开展人才发展体制机制综合改革试点

党的十八大以来，我们已经在改进人才培育、应用、评估、服务和支援等方面做了大量努力，并获得了显著成果。然而，我们的进展

[①] 《习近平关于科技创新论述摘编》，中央文献出版社2016年版，第111页。
[②] 《习近平关于全面从严治党论述摘编》（2021年版），中央文献出版社2021年版，第269页。

第七章
重要支撑：积极建设世界重要人才中心和创新高地

仍未达到预期目标，即创建出既具有中国特色又具备全球竞争力的人才发展体系。因此，需要坚持问题导向，集中精力处理那些长期存在且备受关注的关键难题。

向用人主体授权。如何有效地使用人才，用人单位拥有最大的话语权。当前，首要任务应为满足需求并根据实际情况，向用人主体充分授权要"真"授权。作为各种人力资源政策的最前沿实施者及各类型人才的主要服务者，用人主体得到的"授权"是推动人才资源充分利用的关键因素。近年来，各地区持续深化人才工作体制机制改革，但在下放权力的过程中仍然存在一些"形式主义"的问题，如只停留于言辞、文档或指示层面。由于相关政策的不完整、无体系性和协调不足，使得优质政策无法真正落到实处。只有真正的授权才能够带来真正的松绑，必须努力消除那些害怕授权、不知道如何授权或者不愿意授权的思维限制，各部门之间需紧密合作，以确保从高层至基层的全部授权过程畅通无阻，使所有权责都得到彻底释放，从而保证用人主体的决定权可以被正确利用并且可行。向用人主体充分授权要"精"准授权。充分授权是一个涉及多个层面的系统工程，因此在确定"给谁授权""授什么权""如何授权"等方面都需要做到深思熟虑和精确规划。选择授权的对象要"精"，依据不同的用人主体及其接纳能力的差异来制定策略，逐步实行试点授权、按等级依次授权，构建出"稳定推进"式的改革方案。授予的内容应"精确"，虽然提倡"充分授权"而不是"完全撒手"，但这并不意味着可以随意或草率地给予权力。相反，要根据实际需要和不同的人才类型进行授权，并重点关注阻碍用人主体及人才进步的关键难题。结合用人主体发展需求，针对人才结构性矛盾，着力解决制约用人主体与人才发展的堵点问题，为人才精准松绑。向用人主体充分授权要务求"到位"。授予用人主体更多的权力并不是最终目的，而是在政府机构削弱其权力的同时，通过这种方式释放出更多的人才创新活力。衡量是否有效的授权的标准不在于实施了哪些政策，而是看这些政策如何激励人才产生创新活力。此外，我们也应该注意引入的人才发挥作用的程度，而不仅仅是看重他们所拥有的"头衔"。因此，授权应该是"N-1"的事，而不应该是"N+1"的效果。应该尽可能减少行政干预，只在前置审核、检查和登记等方面设定严格的规定，如创建事业单位人才引进的高效渠道，允许企业家独立决定人才评价的制度，这样可以更好地信任用人主体，让他们更有效地用好自身的权力。

积极为人才松绑。长期以来，一些部门和单位已经习惯于把人才管住，许多政策措施仍然侧重于管理，而在服务、支持、激励等方面的措施不够充分，手段也不够有效。要加快破除官僚化管理人才的传统思维，形成新型全球纳贤体制。体制内外科研单位都应形成能进能出、进、留、出畅通无阻的新型用人机制。在"进人"上，破除国籍、户籍、专业、职称、年龄等障碍，广开渠道，全球纳士。参考西方国家向全球集聚人才的经验，复制推广临港新片区"人员就业自由"经验，建立中国式绿卡和移民机制，向全世界，尤其是向发展中国家广纳各类人才，重点引入国家紧缺的前沿科技类和基础研究类人才。同时，在"留人"和"出人"上，要建立与行政管理分开的多轨制机制，尝试以市场标准确定体制内人才薪酬待遇的新型机制，形成人才在体制内外正常退出、流动机制。要加快建立市场化新型研发机构机制，形成新型人才汇聚局面。二战以后，以美国为首的西方发达国家，普遍形成了政府直接向企业拨款的机制，公费资助企业科学创新，大范围支持基础研究，促进了整个西方几十年的全球科技竞争力。深圳和浦东先后建立了促进新型研发机构发展的机制，在此经验基础上，应加快全国层面建立新型研发机构的推进工作，政府未来将更多地对市场化的新型研发机构予以直接立项拨款，支持"政""企"共同开展基础研究和前沿科技创新。引导体制内外科研单位共同打造新型研发平台，鼓励支持各类人才，包括体制内人才集聚到面向市场的新型研发机构，形成既有中国特色又有国际比较竞争优势的新型科技机制。要加快形成创新收益归属科技人才的新型激励机制，形成新型收益分配机制。1980年，美国国会通过了《贝赫—多尔法案》，该法案明确规定，政府支持的研究将来所产生的经济收益，由发明人和承担科研任务的机构获得。这个法案更是极大激发了科学家将科研成果转化为生产力的热情。要根据中国国情，加快出台政府支持项目的创新收益归属科技人才（或团队）和新型研发机构的新型激励机制。对解决"卡脖子"难题的重大科研项目，其创新收益可以大比例归属科技人才（或团队）。集中推动张江、中关村等创新基地加快形成全球科创高地集聚地，极大地提升国家层面持续的创新竞争力。

完善人才评价体系。我国人才发展体制机制中存在的一个主要缺陷就是对人才的评定标准不够科学，"唯论文、唯帽子、唯职称、唯学历、唯奖项"现象依然普遍，导致了许多人争相获得各种头衔，助长了追求短期利益和过度竞争的不良氛围。要建立和完善人才分类评价体系。基础理论研究人才评价应以理论和学术贡献为主要标准，倾向于同行评价方式，并强调国际化评价。评价工程技术研发人才时，重点应放在其技术成果上，应当倾向于使用业内评价和第三方评价。市场和用户是评价应用创新人才效益指标的主要来源。在对基础理论、工程技术和应用开发进行分类评价时，需要进一步细化不同类别之间的评价标准，同时要充分考虑跨领域科技创新成果的评价。要建立和完善人才多维评价体系。要消除"唯论文、唯帽子、唯职称、唯学历、唯奖项"现象，建立"新标准"，综合考评人才时，必须注重将个人评价与团队评价相结合，科学公正地评价参与人员的真实贡献，以杜绝虚假荣誉。避免将论文、专利、项目和经费数量等作为人才评价的唯一标准，实行差异化评价，重点评价科研成果的质量和创新价值。拓展评价手段的多样性，灵活运用考核、评审、报告、答辩、实践操作、业绩展示等多种方式，使评价更加科学有效。要建立和完善人才跟踪评价体系。科技创新的广度、深度、速度和精度都有显著提升，科技人才需紧跟时代步伐，积极回答时代问题。要避免凭一次评定就给人才贴上标签，使之终身难脱。应当根据不同类型人才的成长规律，设定科学合理的评估考核周期，注重过程和结果、短期和长期的结合。要时刻关注科技人才的最新技术成果和研究发展方向，并及时进行评估。通过建立科技人才跟踪评价机制，实现评价体系与科技人员成长规律的有效结合。要建立和完善人才评价反馈体系。对科技人才和科技活动进行客观认识是建立人才评价体系的基础，随着科技创新实践的不断变化，人才评价体系必须具备相应的反馈和调整机制，通过持续改进和动态调整，逐步优化评价体系。具体来说，就是要制定一套包括科技人才技能、新技术开发成就、科技产品效益等多项反馈指标的人才评价体系。利用这种方式搭建起评价体系与反馈指标之间的互动联系，进而不断优化评价体系。

二、系统培育国家战略人才力量

党的二十大报告明确提出："加快建设国家战略人才力量，努力培养造就更多大师、战略科学家、一流科技领军人才和创新团队、青年科技人才、卓越工程师、大国工匠、高技能人才。"[①]战略人才是推动中国科技创新的重要力量，他们处于全球科技的前沿位置，引领着科技的发展方向，并且肩负着承担国家重大科技任务的重任。因此，要把培育战略人才作为首要任务来抓。新时代新征程，要在提高人才培养质量方面全面努力，专注于培养杰出的创新人才，加快构建国家战略人才队伍，聚天下英才而用之。积极培养战略科学家，选拔优秀科技领军人才和创新团队，壮大青年科技人才队伍，培养优秀工程师和高

---

① 《习近平著作选读》第1卷，人民出版社2023年版，第30页。

技能人才，为强国建设和民族复兴打下人才基础。

（一）大力培养使用战略科学家

"统军持势者，将也；制胜败敌者，众也。"战略科学家是科学帅才，是国家战略力量中的重要关键人才。当前，全球正迈入大科学时代，科学研究的复杂性、系统性、协同性正显著提升，战略科学家的重要性也逐渐凸显出来。战略科学家并非通过精心挑选和培养而成，而是在实践中不断磨炼，逐渐获得认可。为了建立战略科学家成长梯队，发挥他们作为"关键少数"的作用，就需要不断改进发现、培养、运用和激励机制。

多渠道建立战略科学家的发现识别机制。从全球视角出发，整合国内外的人力资源，拓宽选拔人才的路径。要坚持实践检验的标准，瞄准"四个面向"，有意识地发现能够领导跨学科团队并具备战略科学家潜力的高级复合型人才，对他们加以持续关注培养。坚持扩大科技开放合作，吸引和培养有潜力的战略科学家，以慧眼识才、诚意爱才、胆识用才、雅量容才、良方聚才来吸引那些爱国爱党、有志于服务人民、投身强国建设的科学家人才。有关部门应尽快展开调研，了解我国战略科学家资源的现状。

多方式培养推动战略科学家在人才梯队中成长与脱颖而出。战略科学家属于"凤毛麟角"的稀缺人才，是国家战略人才力量的基石。当前需要支持发现、培养从事科学前沿探索和交叉研究的科学家，加快形成战略科学家成长梯队。深入实施卓越青年科学家计划、杰出青年人才计划、青年人才托举工程等项目，加大优秀青年科技人才扶持力度。要把那些擅长处理实际问题且具有潜力的科技战术家逐步培养成能够掌控全局的战略科学家，支持其拓展全球视野，创造条件引导其参加国际科技合作交流活动，并在适当的时候推荐他们任职于一些重要的国际科技组织，提高他们的国际声誉和影响力。在国家高水平智库建设中，应当充分发挥战略科学家的作用，鼓励他们积极参与科技决策的咨询服务，以便更好地了解科技政策的制定过程。

打破现有条框，完善战略科学家的使用机制。一方面应该支持目前的科技领军人才承担重大任务，另一方面也要放手让那些敢于挑战更高难度科研项目的新人成长起来，通过参与关键核心技术攻关等实践活动不断提升他们的领导能力和组织管理水平，让他们在新型举国体制下发挥更大作用。战略科学家的使用需要建立一个以信任为基础的机制，以获得更多的信任、更好的帮助和更有力的支持。战略科学家参与科技战略咨询工作，需建立更灵活的机制，以便能迅速向决策层传达信息。应该鼓励其从对国家和社会的责任出发提出意见建议，接受基于专业判断的多元意见，同时保障建议的独立性。

建立有利于战略科学家作用发挥的激励保障机制。建立政府与科学家之间的沟通机制，使战略科学家承担起重要使命和责任。不断改进有关机构与战略科学家合作服务、科技咨询、决策支持和资源整合制度。为了支持战略科学家参与重要科技攻关、科技咨询、国际科技合作和国际科技组织，需要完善配套政策和管理机制，提供便利和条件保障。确保可以根据需要调动专业智库团队等资源，进行与其关注的战略问题相关的调研。满足战略科学家在生活待遇、健康医疗等方面的实际需求，提供更贴心、更温暖的服务。

（二）打造大批一流科技领军人才和创新团队

打造一流的科技领军人才和创新团队对于实现科技强国的建设目标至关重要。我国正在加快建设世界重要人才中心和创新高地，必须优化对领军人才的识别和选拔机制，同时实施特殊政策来配套支持领军人才的人才梯队、科研条件和管理机制，稳定支持一批高水平的创新团队，培养更多高层次的科技创新人才，不断扩大创新团队规模，壮大高素质专业化新型人才队伍。

第七章
重要支撑：积极建设世界重要人才中心和创新高地

聚焦重大任务，培育领军人才力量。重大任务锤炼是培养科技创新领军人才的最佳选择，可以激励其斗志、磨砺其意志，使其成为战略科技人才。在选拔人才时，需要有针对性地选择潜力较大的人才，不受传统的资历限制，在开始重要任务时就让他们进入关键职位，帮助他们承担重任，扮演重要角色，领导团队，全面培养他们的技术、思想和作风，促使他们迅速成长为科技创新的领头人。要充分发挥重大任务的牵引带动作用，确保每推进一个阶段任务，人才就跟进、储备一批。要建立多阶梯岗位、多技术领域培养机制，全面提升参与研究团队的复杂大系统掌控能力以及风险识别能力，努力塑造战略人才力量的"蓄水池"。要坚持"时代不断发展，使命接续传承"的理念，汇聚老、中、青三代科技人才共同研讨技术路线和解决重大难题，使年轻人成为事业发展的新生力量，使老一辈成为行稳致远的"压舱石"。

坚持大人才观，全方位培养用好人才。只有树立大人才观，才能够科学地管理和培养科技人才，实现人才的多元化培育和使用。要坚持"提前谋局，超前储备"的人才观，根据科技强国建设路线图，有预见性地梳理创新方向和前沿技术，有规划地提前确定并吸引人才，同时平衡自主培养和对外开放，发挥新型举国体制优势，建立跨学科、跨专业创新联合体，集聚世界各地的人才来使用。要始终秉持"以训助用，以用促训"的育才理念，总结科技创新取得的巨大成就，将实践中获得的创新经验快速转化为可传播的创新知识，促进科技人才的快速成长。

深化体制机制改革，激发科技人才活力。唯有持续地走在创新的前沿，同步构建人才网络，方能有效地把科技创新主战场转化为人才创新实践及发展的平台。要将目光聚焦在国际科技最前沿，进行有远见的思考、全面的规划以及战略性的部署，集中力量推进"核心技术重塑工程"，建立核心技术和创新人才相辅相成、共同发力的创新机制。需要建立一个基于人才的价值、贡献和潜力的积分管理系统，通过对战略科技人才和科技创新领军人才的成长轨迹进行分析，提取共同特点，构建人才多元数据模型，以便更好地评估人才的专业技能、创新能力和贡献价值，从而帮助人才脱颖而出。

（三）造就规模宏大的青年科技人才队伍

青年人才是国家战略人才力量的源头活水，是科技事业取得突破进展的生力军，是人才队伍的中坚力量。研究显示，25岁到45岁是自然科学家发明创作的黄金年龄段，而我国年轻科技人才还面临着机遇有限、发展渠道狭窄、生活压力巨大等挑战。青年人才把自身精力过多投入职称评审、项目申报以及争夺"帽子"的竞争中，在薪酬、住房以及子女入学等方面仍然面临着诸多实际问题。我们必须将重点放在培养青年科技人才上，优化其培养、使用、支持、服务、评价、激励等体制机制，确保青年科技人才在职业生涯中有更多的机遇和更大的空间来展示自己的才能，逐步建立起一支规模庞大的青年科技人才队伍。

全面育才激活"蓄水池"。"人材者，求之则愈出，置之则愈匮。"青年科技人才培养是非常紧迫的任务，需要在德才兼备、选贤任能的基础上，为他们提供更多机会和更广阔的发展空间。加大支持力度，明确认定潜力突出的青年科技人才骨干，通过提前观察和倾斜支持，在自主研究项目、经费、平台条件等方面给予重点资助，重点培养领军人才、高端人才，促进人才集群的形成。秉持开放式培养思路，推进"人才+工程"融合创新模式，让优秀人才在重要任务中锻炼，鼓励青年科技人员担当和参与重大工程建设和项目攻关，不设门槛、不论资历，全面激发其潜力。优化评价体系，坚决避免片面追求论文、职称、学历、奖项等，加速构建基于创新价值、能力、贡献的人才评价体系，探索建立以能力实绩为核心的创新竞争机制，激发青年科技人才干事创业的热情。

合力聚才建强"生力军"。发挥人才评价的重要作用，贯彻落实《关于适应新时代要求大力发现培养选拔优秀年轻干部的意见》等文件精神，加快建立有助于青年科技人才成长的培养机制、使用机制、激励机制和竞争机制，为那些拥有梦想、敢于承担责任、不怕困难、愿意拼搏的优秀青年科技人才提供机会和平台。需要把未来发展作为重点，通过科学的方式规划和设计青年科技人才的成长路线、阶梯和职业前景，制订完善的人才培养计划。要给那些作出特别贡献的青年科技人才提供更好的成长通道，以确保他们能够留在这个领域并取得更快的进步。

科学用才共育"千里马"。青年人普遍具有充沛的精力和敏捷的思维，在年轻时期，他们往往创新意识强，产出高，是从事科研的黄金时期。需顺应青年人才成长之路，并依循人才培养、使用和发展规律，建立健全青年人才全方位培养支持体系，加大对青年人才在关键阶段的资助力度，为不同发展阶段的优秀青年科技人才提供分类支持和保障。为了促进科学研究、学科建设和青年人才培养的紧密结合，必须确保科研工作与人才培养计划相互配合、同步推进。要坚持"以需求为导向"，突出实际需求，支持更多优秀青年人才在实践中学习、在学习中应用，努力培养急需的青年人才。建立科研投入与产出相匹配的评价机制，推行有利于青年科研人员专注研究、不惧挑战的科研管理方式。

真心爱才办好"暖心事"。青年科技人才的成长，不仅需要个人的努力，还需要组织提供的教育、培养和支持。应当坚持将严格管理和人文关怀有机结合，加强常规性的教育引导，同时重视个别指导和跟踪服务，及时帮助他们消除困惑和烦恼，确保他们不偏离正确方向，少走弯路。工作中应当支持关心，秉持"科学面前人人平等"的原则，鼓励青年科技人才敢于表达和坚守自己的学术观点，勇于挑战和超越权威学术思想，大胆拓展新的研究领域，充分激发和保护他们的创新激情。需要认真做好服务保障工作，积极为青年科技人才减轻负担，简化繁琐程序，让他们能够专注于基础研究和科技创新。贯彻容错纠错机制，积极营造支持创新并容忍失败的氛围，让所有人毫无顾虑、全力以赴、专心致志。加强对青年科技人才的服务意识，真正将他们的困扰视为自己的责任，充分利用优惠政策，真诚帮助他们解决生活中的困难，如婚恋、住房、医疗、家人就业、子女入学等问题，激励他们在科研领域取得更多成就。

（四）培养大批卓越工程师

习近平总书记强调："面向未来，要进一步加大工程技术人才自主培养力度，不断提高工程师的社会地位，为他们成才建功创造条件，营造见贤思齐、埋头苦干、攻坚克难、创新争先的浓厚氛围，加快建设规模宏大的卓越工程师队伍。"[1] 培养造就大批德才兼备的卓越工程师，是党和国家长远发展大计。近年来，我国工程师数量显著增加，结构进一步优化，但高技能特别是卓越工程师需求依然巨大且紧迫。要实现科技强国的建设目标，卓越工程师队伍建设任重道远。

完善自主培养体系。当前，新一轮科技革命和产业变革正在加速演进，科学技术和人才已成为国际战略博弈的主战场。习近平总书记指出："培养创新型人才是国家、民族长远发展的大计。当今世界的竞争说到底是人才竞争、教育竞争。要更加重视人才自主培养，更加重视科学精神、创新能力、批判性思维的培养培育。"[2] 人才工作的基础和难点都在于培养。培养造就大批德才兼备的卓越工程师，是国家和民族发展的长远战略。探索形成具有中国特色且达到国际水准的工程师

---

[1] 《习近平在"国家工程师奖"首次评选表彰之际作出重要指示强调　坚定科技报国为民造福理想　加快实现高水平科技自立自强服务高质量发展》，《人民日报》2024年1月20日。

[2] 习近平：《论科技自立自强》，中央文献出版社2023年版，第12页。

自主培养体系，对于提升我国对优秀人才供应的主导权至关重要，同时也能让更多卓越工程师源源不断涌现。我国拥有全球最大规模的高等教育体系，优化自主培养体系需要用好高校特别是"双一流"建设高校这个卓越工程师培养的重要阵地，要根据工程教育规律和学生成长成才规律，深入推进工程教育改革，加大人才培养的力度。要关注国家重要的战略需求和关键的核心科技领域，以培养具有爱国主义精神、职业操守和服务意识强、能做出突破性的科技创新成果并且擅长处理复杂工程问题的卓越工程师为目标，实现教育办学方式向学科交叉、跨界融合模式转变，培养目标向重视工程创新能力转变，评价标准向考察实际应用价值为主转变，建立起符合时代要求的一流工程教育体制。

着力加强顶层设计。加快建立规模宏大的卓越工程师队伍，要以实现高水平科技自立自强为目标，加强顶层设计，下好先手棋、打好主动仗。适度提前部署，聚焦量子信息、人工智能、先进制造、集成电路、工业母机、空天科技、新材料等前沿专业，吸引更多杰出的青年人才投身工程科技创新的研究领域，从而抢占未来科技进步和产业转型变革的战略制高点。注重差异化培养，在学科门类齐全的综合性高校，以培养全才型卓越工程师为重点；在行业型高校，做专做深相关优势学科，培养行业型卓越工程师。贯通整个科技创新链条，从基础科学研究、技术攻关突破到实际工程应用、形成产业化，实现链条全贯通，发挥科技领军企业、高校科研院所、"专精特新"企业、金融机构等合力作用，让卓越工程师在创新事业中成才建功。

打造协同育人平台。产教的深度融合是全球工业强国培养工程师的共同特征。习近平总书记指出："培养卓越工程师，必须调动好高校和企业两个积极性。"[1] 目前，工程技术人才培养与生产实践存在明显的

---

[1] 习近平：《论科技自立自强》，中央文献出版社2023年版，第273页。

脱节问题。对于高校而言，要主动探索并实施校企联合培养高素质复合型工科人才的有效机制，以科教融合、产教融合促进学科融合，推动差异化、个性化的人才培养，提高人才自主培养能力。对于企业而言，要把培养环节前移，同高校共同设计人才培养目标、制定人才培养方案、推进人才培养过程。构建校企协同育人平台，如创建"高校+企业+基地"的开放运行机制，形成高校与科技企业、科研机构、产业园区的联合培养机制，不断创新"企业命题、校企解题、学生答题"的"项目制实习"模式，并将培养平台打造成集科研攻关、实践教学、成果转化、创新创业于一体的产学研融合创新平台。此外，要更加注重科技、财政、金融等领域的政策创新，为打造协同育人平台创造更有利的外部条件。

营造良好环境氛围。党的十八大以来，以习近平同志为核心的党中央坚持党管人才原则，全面加强党对人才工作的领导，以爱才的诚意、用才的胆识、聚才的良方，推动形成天下英才聚神州、万类霜天竞自由的人才发展环境。培养造就大批德才兼备的卓越工程师，要营造识才、爱才、用才、敬才的环境，包括积极营造竞争择优、公正平等的制度环境，求贤若渴、尊重人才的社会环境，待遇优渥、保障有力的生活环境，为卓越工程师全身心投入钻研业务中创造良好条件。此外，还要在全社会营造鼓励大胆创新、勇于创新、包容创新的良好氛围，不断提高卓越工程师的社会地位，积极为其成才建功创造条件、厚植沃土。

三、全面提高人才自主培养质量

人才兴则国家兴，人才强则国家强。人才是推动创新和技术进步的根本动力。党的二十大报告提出，要"全面提高人才自主培养质量,着力造就拔尖创新人才,聚天下英才而用之"①,为新时代深入推进科教兴国战略、加快建设人才强国提供了根本遵循、指明了前进方向。站在推进民族复兴的新历史方位上,提高人才自主培养质量对于建设创新型国家和实现高水平科技自立自强的目标至关重要。必须认真学习习近平总书记关于教育、科技、人才的重要论述,深刻领悟提高人才自主培养质量的战略意义和本质要求,全面把握教育、科技、人才三者之间的内在关系,科学看待教育、科技、人才之间相互推动的循环联系和运作逻辑,创新提高人才培养质量模式,加强人才培养的针对性和适应性,为建设社会主义现代化国家奠定牢固的人才基础。

(一)深刻理解教育、科技、人才三位一体的内在关系

党的二十大关于"全面提高人才自主培养质量"的重要论断,内涵丰富、意义深远,强调了党对人才自主培养和科技自立自强的决心,对教育、科技、人才相互关系的把握,为构建高质量人才培养体系、实现创新型国家建设提供了指导。

教育、科技、人才是密切相关的有机整体。提高人才自主培养的质量,凸显了教育、科技与人才之间密切关联的核心理念,展现了系统性和整体性的思维方式。党的二十大报告指出,"教育、科技、人才是全面建设社会主义现代化国家的基础性、战略性支撑","我们要坚持教育优先发展、科技自立自强、人才引领驱动,加快建设教育强国、科技强国、人才强国"②。教育、科技和人才相互作用、相互促进,是推动现代化和民族复兴的核心组成部分和内在动力。三位一体的内在关系是指教育、科技和人才之间密切相互关联的关系,必须深刻思考如何提高人才自主培养的质量,这对于未来发展具有重要的战略意义和要求。我们要以实现社会主义现代化和打造创新型国家为目标,运用

---

① 本书编写组:《党的二十大报告辅导读本》,人民出版社2022年版,第30页。
② 本书编写组:《党的二十大报告辅导读本》,人民出版社2022年版,第30页。

系统性、整体性、全局性思维，协调发挥教育、科技、人才工作的作用，加速建立三者深度融合的战略格局，最大限度地激发教育、科技、人才的综合效益。

教育、科技、人才是循环互促的运行体系。提高人才的自主培养质量是一个系统性整体目标，也是一个相互配合、相互促进的流动过程，这一过程中，人才的培养和发展相互作用，形成良性循环。教育塑造人才，人才的涌现推动了科技的进步，而科技和人才的进步也促进了教育的发展，重塑了教育体系。只有教育、科技和人才之间紧密联系、循环作用，才能有效提高人才自主培养的质量。以优先发展教育为基础，提高人才培养质量，加快构建完善的教育体系是实现人才强国目标的首要前提。通过不断提高人才自主培养水平，达到凝聚人心、完善人格、开发人力和培养人才等重要目标。坚持以人才为引领和驱动是实现建设科技强国的重要战略。要达到这一目标，必须加强人才培养，提升科技创新能力，全面推动国家科技实力的提升。科技和人才是推动教育改革、升级教育水平的重要动力，提升教育质量需要依靠科技和人才的支持，必须进行科技和人才的重塑。面向未来，需要重视科技创新来推动教育进步，培养人才来巩固教育优势，不断提升教育信息化水平，提高教师队伍素质。整体来看，教育、科技和人才之间形成了相互支持、相互促进的紧密关系，相互影响并不断发展壮大。教育和人才是建设社会主义现代化国家的基石，科技则是推动力量，它们之间相互促进、深度融合，为实现全面建设社会主义现代化国家提供重要支撑。

（二）全面提高人才自主培养质量是新时代创新型国家建设的必然选择

从历史上看，自改革开放以来，我国经济和科技的崛起主要取决于我们自身培养的人才力量。从当下看，在具体实践中，推动全面创

第七章
重要支撑：积极建设世界重要人才中心和创新高地

新和高质量发展的重要因素在于人才，尤其是那些自主培养的人才。全面提高人才的自主培养质量已经成为新时代建设创新型国家的迫切需要。我们要认识到提高人才自主培养质量的重要性，树立高质量人才培养意识，加大自主培养人才力度，努力打造国际人才竞争的比较优势。

全面提高人才自主培养质量是党和国家培养人才的必然要求。习近平总书记强调，"我们要坚持教育优先发展"，"坚持为党育人、为国育才"[1]。这一论断强调了中国教育的初心和使命，回应了教育的核心价值，具有重要的指导意义和原则性意义。提高人才培养质量的根本使命就是为党和国家培养人才，让他们坚定拥护中国共产党领导和社会主义制度、堪当民族复兴重任。为党育人，就是要毫不动摇地贯彻党的教育方针，加强党对教育的整体管理，优化党的教育领导机制，确保党的领导优势能够有效转化为培养社会主义建设者和继承者的实际能力。国之命脉，重在人才。无论过去还是现在，任何国家和地区都是按照自身的国家发展需求来培养人才的。我们需要的人才是既要有卓越的专业知识水准和研究创新才能，又要有强烈的国家荣誉感和民族自豪感，立足国家大局，积极应对新形势和新任务，顾全大局，解决问题，尽职尽责，为国家贡献力量。在当前形势下，教育领域要不断强化承担中华民族伟大复兴使命的责任感，积极促进教育与国家事业的协调发展，全面提高人才培养质量，增强针对性和适应性，提升教育为经济社会发展服务的能力。

全面提高人才自主培养质量是实现高水平科技自立自强的必然要求。党的二十大报告指出，要"坚持面向世界科技前沿、面向经济主战场、面向国家重大需求、面向人民生命健康，加快实现高水平科技自立自强"[2]。实现高水平科技自立自强是加快实施创新驱动发展战略、

---

[1] 本书编写组：《党的二十大报告辅导读本》，人民出版社2022年版，第30页。
[2] 本书编写组：《党的二十大报告辅导读本》，人民出版社2022年版，第32页。

打赢关键核心技术攻坚战的关键举措。近年来，我国重大创新成果竞相涌现，成为我国逐步迈入创新型国家的重要基础。然而，我国既面临着赶超跨越的历史机遇，也面临着差距拉大的严峻挑战。习近平总书记指出："中国在发展，世界也在发展。与发达国家相比，我国科技创新的基础还不牢固，创新水平还存在明显差距，在一些领域差距非但没有缩小，反而有扩大趋势。"[①] 当前，全球正迎来新一轮科技革命和产业变革，在不断发展的学科交叉融合中，科技创新的范围和深度得到显著扩展，科学研究的范式与科技实力的对比正在发生重大改变。谁能在人才培养和科技创新上率先取得成功，谁就能够掌握引领未来发展的主导权。所以，只有加大人才的培养投入，建立有效的培养模式，不断提升以人才驱动为核心的创新水平，在当前技术飞速发展和竞争激烈的时代中引领科技创新，实现高水平科技自立自强，才能抢占发展先机，赢得竞争优势。

全面提高人才自主培养质量是造就科技创新人才的必然要求。在科技创新领域中，人才扮演着核心角色，特别是顶尖创新人才的作用更为显著。近年来，我国在超级计算机、载人航天、新能源技术、量子信息、生物医药、大飞机制造等多个领域取得了一系列重要的创新突破，这些成就在推动社会主义现代化国家建设、实施创新驱动发展战略以及加速高科技产业转型升级等重要战略和工作中都扮演了非常重要的角色。在国家战略目标的实现、科技领域的突破以及解决社会现实问题时，科技人才发挥着不可或缺的关键作用，尤其在创新科技攻关方面更是至关重要的关键力量。然而，我们必须认识到，当今世界科技人才竞争激烈，世界主要国家纷纷将吸引和集聚优秀人才作为战略推进，同时也加大对我国人才队伍建设的打压，这给我国人才工作带来了巨大挑战。此外，我国在人才队伍建设方面面临着一些结构

---

① 《习近平关于科技创新论述摘编》，中央文献出版社2016年版，第24页。

性问题，如高新技术和复合型创新人才紧缺，产学研合作能力不强，人才培养和评价体系尚不完善。要确保人才供应的安全和可持续性，我们应该加快实施新时代人才强国战略。这需要积极引进人才，同时也要积极培养人才，必须更加注重人才的自主培养，大力提升培养人才的质量和竞争力，让科技创新人才在新时代建设中扮演重要角色。

（三）全面加强人才自主培养质量的体系模式创新

习近平总书记指出："我国拥有世界上规模最大的高等教育体系，有各项事业发展的广阔舞台，完全能够源源不断培养造就大批优秀人才，完全能够培养出大师。我们要有这样的决心、这样的自信。"[1] 党对人才自主培养的高度重视和战略考量，在这一重要论述中体现得淋漓尽致，显示了党在培养人才方面的坚定决心和信心。创新人才自主培养体系模式，持续提升人才自主培养的针对性和适应性是全面提高人才自主培养质量的关键。为此，我们必须坚持把立德树人作为人才自主培养的重点，积极构建完善的教育体系，不断创新人才自主培养的理念和模式。

坚持立德树人在人才自主培养中的重要地位。培养具有高尚品德和健全人格的人才是中国特色社会主义教育事业的核心使命。习近平总书记指出："人才培养一定是育人和育才相统一的过程，而育人是本。人无德不立，育人的根本在于立德。这是人才培养的辩证法。"[2] 这说明，在培养人才的过程中，树立正确的道德观念是根本和关键所在。必须以立德树人为中心来提高人才自主培养的质量，将立德树人的成效作为评价人才自主培养工作的关键指标。实现立德树人的根本任务，就是要培养全面发展的社会主义建设者和继承者。正如习近平总书记所指出："培养什么人，是教育的首要问题"，"我国是中国共产党领导

---

[1] 习近平：《论科技自立自强》，中央文献出版社2023年版，第274页。
[2] 习近平：《在北京大学师生座谈会上的讲话》，人民出版社2018年版，第7页。

的社会主义国家,这就决定了我们的教育必须把培养社会主义建设者和接班人作为根本任务"①。

坚持立德树人在人才自主培养中的重要地位非常关键,必须运用马克思主义科学理论和习近平新时代中国特色社会主义思想来教育和引导,贯穿社会主义核心价值观教育于人才自主培养的整个过程。要推动科技自主创新,同时坚定维护自主自尊,将中国的理念、立场和价值观融入学科、教学、教材和管理等各个方面,汇聚形成三全育人即全员、全过程、全方位育人的强大合力。汇聚形成全员育人的合力,就是要强化育人意识和责任担当,确立共同的价值观和目标,让每个人参与其中,不断提升立德树人在人才自主培养中的地位和作用。汇聚形成全过程育人的合力,就是要共同推动人才培养过程的协调统筹,实现政府、学校、社会和家庭的合作,落实立德树人理念,建立健全的立德树人体系,探索持续的人才自主培养机制。汇聚形成全方位育人的合力,就是要加强不同途径的人才自主培养,建立全面融合的教育机制,塑造全方位的"大思政"育人格局。

构建人才自主培养的教育体系。提高人才自主培养质量的关键在于提升教育质量和水平,教育体系是人才自主培养质量的基础。要加快建设高质量的教育体系,不断加强教师队伍建设,构建具有本国特色的学科学术体系。

第一,加快建设高质量教育体系。党的二十大报告指出,要"坚持以人民为中心发展教育,加快建设高质量教育体系,发展素质教育,促进教育公平"②。人才自主培养是长期的教育实践,贯穿各级各类教育全过程、全阶段,建设高质量教育体系必须不断完善资源分配,促进各个教育阶段的均衡发展,推动城乡教育一体化,提高普及水平。高校作为人才自主培养的重要阵地,不仅在人才资源开发中发挥关键作

---

① 《十九大以来重要文献选编》(上),中央文献出版社2019年版,第647页。
② 本书编写组:《党的二十大报告辅导读本》,人民出版社2022年版,第31页。

第七章 重要支撑：积极建设世界重要人才中心和创新高地

用，还致力于搭建高质量且公平的基础教育和公共教育服务平台，注重在基础教育阶段发现、培养和选拔人才，关注早期人才培养，确保人才自主培养质量不断提升。

第二，强化教师人才队伍建设。教师是人才培养的重要力量，要提升人才自主培养质量，就必须打造一支自主化、专业化的高素质教师人才队伍。提高教师人才队伍的自主化水平，必须注重培养本土化和民族化教师，以科学理论指导教育发展，引导广大教师自觉践行马克思主义、共产主义和中国特色社会主义理想。提高教师人才队伍的专业化水平，必须在教师教育体系上加强建设，创建高水平研究平台，整合各种学术资源，推行多层次科研培训并设立高水准研究项目，以探索有效策略来提升教师人才队伍的教研能力和水平。

第三，加强中国特色学科与学术体系建设。学科和学术体系的自主建设水平反映了人才培养和科学研究的程度。党的二十大报告指出，要"加强基础学科、新兴学科、交叉学科建设，加快建设中国特色、世界一流的大学和优势学科"[1]。构建人才自主培养的教育体系，必须建设符合国情的基础学科、新兴学科和交叉学科体系，加强学科体系的自主建设，确立我国独特的学科标准，推动新兴学科如新工科、新医科、新农科、新文科等领域的布局和机制创新，以培养人才的创新思维和创造力。需要积极推动中国独立的知识体系、思想及学术话语的建立，不断创新知识、理论和方法，坚持用中国价值观凝聚国内力量，为培养具有原创性和民族特色的人才注入活力。

创新人才自主培养的理念模式。人才培养理念是对人才培养方式和目标进行深入思考的体现。培养创新人才需要与之相适应的培养理念和实践模式，以便展现其科学性、特色性和实践性。

第一，要尊重人才培养的规律。一方面，要遵循保持培养计划与

---

[1] 本书编写组：《党的二十大报告辅导读本》，人民出版社2022年版，第31页。

人才实际水平之间适度张力的规律。随着高等教育向更多人普及，学生人数大幅增加，传统的教育设计模式已难以激发学生学习和创新的内在动力。要想使人才脱颖而出，就需要为他们设计一套高于他们实际水平但又在可达范围内的培养计划，因材施教，提供"特殊教育"，以培养一批掌握关键核心技术、引领新兴科技的领军人才。另一方面，要遵循人才培养计划与人才特长相匹配的规律。我们需要为在特定领域拥有卓越优势和能力的顶尖人才量身定制培养计划，根据他们的学习进展灵活调整，并积极构建人才"金字塔"，努力建立完善的人才队伍，不断注入力量以实现高质量发展和全面建成社会主义现代化强国的目标。

第二，要积极服务国家战略发展需要。根据人才市场需求不断调整人才培养理念的关键在于培养符合当前社会发展需求的优秀人才。目前，我国正处于经济高质量发展阶段，对科技和人才的需求已远超过去。因此，我们要努力打破传统的人才培养理念模式，突出培养科学精神、批判性思维和创造能力，注重培养各类高层次人才，打造结构合理、符合经济建设和国家需求的人才队伍。

第三，要探索产学研协同创新的人才自主培养模式。推动产学研融合协同培养人才可以建立教育、产业和创新环节之间的紧密联系，有效地优化高等教育人才培养过程。建立产学研协同创新的人才培养模式，并不只是要求高校的人才培养方向与企业的发展目标保持一致，而是要求双方在共同感兴趣、面向未来发展需求的技术领域展开广泛合作，并且企业需要向高校提供支持，共同培养适应市场需求的人才。因此，为了推动国家和行业技术进步、产业升级和战略管理水平提升，高校和企业需要共同合作，针对国家发展战略需求开展人才培养、科研、技术开发和应用，促进产学研协同创新，构建完整的创新链，培养具有创新能力的领军人才。

四、大力弘扬科学家精神

习近平总书记在科学家座谈会上提出的科学家精神是指"大力弘扬胸怀祖国、服务人民的爱国精神,勇攀高峰、敢为人先的创新精神,追求真理、严谨治学的求实精神,淡泊名利、潜心研究的奉献精神,集智攻关、团结协作的协同精神,甘为人梯、奖掖后学的育人精神"[1]。在建设新中国的伟大历程中,涌现出大批创新人才榜样,他们以创新实践行动铸就了伟大的科学家精神,这些精神力量激励着新时代创新人才队伍奋发向上,是一笔宝贵的精神财富。当前我国站在新的历史节点上,面对错综复杂的国际环境以及国内人民群众对美好生活的需要,大力传承和弘扬科学家精神有助于壮大科技创新队伍,激发广大科技工作者为建设科技强国,实现中华民族伟大复兴的中国梦不懈奋斗。

(一)科学家精神的基本内涵

习近平总书记指出:"科学成就离不开精神支撑。"[2]科学家精神是中国共产党人精神谱系的重要组成部分,主要内涵包括"爱国、创新、求实、奉献、协同、育人",充分展示了胸怀祖国、服务人民、淡泊名利、潜心研究的优良传统,勇攀高峰、敢为人先、集智攻关、团结协作的时代特征,追求真理、严谨治学、甘为人梯、奖掖后人的道德情操,这些构成了中国科学家独特的价值坐标和独有的精神特质。

胸怀祖国、服务人民的爱国精神是科学家精神的灵魂所在。爱国主义是科学家的内在品质和成长条件。习近平总书记指出:"长期以来,一代又一代科学家怀着深厚的爱国主义情怀,凭借深厚的学术造

---

[1] 习近平:《论科技自立自强》,中央文献出版社2023年版,第243页。

[2] 习近平:《论科技自立自强》,中央文献出版社2023年版,第243页。

诣、宽广的科学视角,为祖国和人民作出了彪炳史册的重大贡献。"①并强调:"祖国大地上一座座科技创新的丰碑,凝结着广大院士的心血和汗水。我们的很多院士都具有'先天下之忧而忧,后天下之乐而乐'的深厚情怀,都是'干惊天动地事,做隐姓埋名人'的民族英雄!"②科学没有国界,但科学家有自己的祖国。热爱祖国,才能使科学家精神更加完整。爱国始于科学家对祖国的情感认同、对同胞的深切热爱以及对人类福祉命运的真切关怀。爱国精神引领着广大科技工作者树立远大理想目标,将祖国命运、同胞幸福与个人前途紧密相连,为推动国家科技创新事业、为人民群众创造美好生活不懈奋斗。钱学森曾说他一生的三次激动之一就是突破重重封锁,学成回到祖国。建设祖国的爱国之情构成了中国科学家精神的底色。

勇攀高峰、敢为人先的创新精神是科学家精神的内在核心。勇攀高峰、敢为人先的创新精神是每一名科技工作者应当具备的基本素质。在科技飞速进步、科技竞争日趋激烈的新形势下,创新对于提高国家整体实力及竞争力的重要性愈发显著。党的十八大以来,以习近平同志为核心的党中央高度重视科技创新,形成了涵盖思想、战略、行动的完整体系。由于新一轮科技革命和产业变革快速发展,再加上全球化进程的深刻影响,使得世界新的经济、政治、文化、社会、生态正在形成。为了建设科技强国、适应未来科学技术发展趋势、步入经济高质量发展新时代,我国的科技发展需要进一步突破,创新的重要性与日俱增。习近平总书记指出,"广大科技工作者要树立敢于创造的雄心壮志,敢于提出新理论、开辟新领域、探索新路径,在独创独有上下功夫。"③当前,我国广大科技工作者必须锤炼创新意志、激发创新思维,并致力于实现自主创新,以破除关键技术"卡脖子"问题,推动

---

① 习近平:《论科技自立自强》,中央文献出版社2023年版,第209页。
② 习近平:《论科技自立自强》,中央文献出版社2023年版,第209页。
③ 习近平:《论科技自立自强》,中央文献出版社2023年版,第244页。

第七章
重要支撑：积极建设世界重要人才中心和创新高地

国家和民族更加繁荣昌盛。加强创新精神的培育有助于全社会形成追求创新创造的良好氛围，培养出具有创新思维、创新意志的人才，推动创新实践的展开。

追求真理、严谨治学的求实精神是科学家精神的本质要求。科学的本性是求知，科学家最重要的素质是求实精神。[1]默顿在论述科学精神时指出，科学精神具有普遍性，即科学评判的标准不受外来科学人文因素的干扰，是事先确定了的，科学探索就是追求真理。对于科技工作者来说，探索真理是永恒的追求。求真务实的科学精神历久弥新，在新时代继续闪耀着熠熠光辉。基于对真理的探求、对极致的追求，5G通信技术实现远程视频会诊，互联网物流技术协助物资运输，大数据监测与追踪疫情线索，AI技术加速病毒分析，等等，不仅为我国科技发展的提升提供了动力，更为守护国家带来了力量。只有对真理的认知和实践才是通向美好未来的钥匙。追寻真理的每一步脚印，都是社会发展的一次跨越；对求真务实的每一次坚持，都可能挽救一个生命，避免更大的损失，为国家发展和社会繁荣更添一份力量。

淡泊名利、潜心研究的奉献精神是科学家精神的品德要义。淡泊名利、潜心研究是科学工作者从事科学研究的品质追求，同时也表明了科学研究工作的出发点。在科学研究工作中要"鼓励科技工作者专注于自己的科研事业，勤奋钻研，不慕虚荣，不计名利"[2]。淡泊名利是一种高尚的道德情操，是奉献的基础和内生动力，它需要一个人将小我融入大我，甚至为了大我舍弃小我。淡泊名利和甘于奉献的高尚道德情操可以激励科技工作者将个人价值与祖国命运紧密联系在一起，树立矢志报国、服务人民的坚定理想目标，践行敢为人先、勇立潮头的创新实践精神，培养不畏艰难、潜精研思的顽强品格。习近平总书记在科学家座谈会上指出："我国科技事业取得的历史性成就，是一代又一代矢志报国

---

[1] 参见本书编辑组：《怀念周恩来》，人民出版社1986年版，第446页。
[2] 习近平：《论科技自立自强》，中央文献出版社2023年版，第245页。

的科学家前赴后继、接续奋斗的结果。从李四光、钱学森、钱三强、邓稼先等一大批老一辈科学家,到陈景润、黄大年、南仁东等一大批新中国成立后成长起来的杰出科学家,都是爱国科学家的典范。"[①] 正是几代科技工作者的默默耕耘、辛勤付出,才创造了我国科技发展举世瞩目的成就,铺设出一条通往现代化强国的道路。

集智攻关、团结协作的协同精神是科学家精神的优良传统。集智攻关、团结协作的协同精神不仅是科学家精神的优良传统,也体现了我国集中力量办大事的制度优势。科技创新通常不是单枪匹马可以完成的,这就要求"广大工程科技工作者既要有工匠精神,又要有团结精神"[②]。集智攻关、团结协作的内涵首先表现在对融合思维模式作用的重视上,利用学者之间的思想碰撞来推动科技领域的关键突破。其次科学研究离不开社会力量的支持与协助,在关键研究项目中需要研究机构、政府部门及企业的共同参与,这有利于推进政产学研一体化的深入发展。最后要重视国际社会在科技创新发展方面发挥的促进作用,积极参与国际交流与合作,有助于中国融入全球科技创新体系。

甘为人梯、奖掖后学的育人精神是科学家精神的价值指向。青年是国家的希望、民族的未来。甘为人梯、奖掖后学的育人精神强调科技工作者要做青年一代的启蒙者和领路人,为我国科技创新事业发展提供充足的后备人才资源。1949年的《科学家宪章》明确规定,科学家的义务和责任之一就是要积极参与国民和政府的教育,以此推动科学的发展。科学家从事育人工作不仅是提升自身水平推动个体走向成功之必须,也是培养科技创新人才接续创新事业之必要。科学技术攻关不是一朝一夕的工作任务,它需要一代代科技工作者接续奋斗,只有薪火相传,中国的科技创新事业才能拾级而上。因此,做好育人工作是科技工作者的重要任务,也是衡量科技工作者是否具有长远眼光、

[①] 习近平:《论科技自立自强》,中央文献出版社2023年版,第244页。

[②] 习近平:《论科技自立自强》,中央文献出版社2023年版,第202页。

大局意识的关键因素之一。

（二）弘扬科学家精神的重大意义

新时代弘扬科学家精神不仅是增强我党科技领导力的基本途径，更是完善新时代社会治理制度的精神支撑，顺应了中国科技历史方位转变的时代要求和人民群众追求美好生活的必然选择。

弘扬科学家精神是增强我党科技领导力的基本途径。党的科技领导力指的是党调动各方面积极因素推动科技进步，为党和国家建设服务的能力。这种能力包含五个方面：科技感召力、科技洞察力、科技激发力、科技引领力、科技助推力。提升党的科技领导力、实现对科技领域的正确指导一直是党自身建设的重要任务，党的科技领导力建设与科技事业的长远稳定发展和中华民族伟大复兴的历史进程息息相关。自新中国成立以来，党和国家就通过各种宣传教育，树立科技工作者的信仰和目标，培养他们的科学精神，坚定他们的科学自信，追随科技表率，在全社会营造尊崇科技创新的氛围。新时代，中国科技事业虽已取得一系列显著成就，但仍存在关键核心技术研究短板、创新能力不足、人才发展体制不完善等问题，这也对中国共产党科技领导力建设提出了新问题和新要求。习近平总书记指出："我们坚持党对科技事业的领导，健全党对科技工作的领导体制，发挥党的领导政治优势，深化对创新发展规律、科技管理规律、人才成长规律的认识，抓重大、抓尖端、抓基础，为我国科技事业发展提供了坚强政治保证。"[1] 增强党的科技领导力，实现科技强国的目标，就需要大力弘扬科学家精神，强化科学家的创新素养。

弘扬科学家精神是完善新时代社会治理制度的精神支撑。党的十九届四中全会提出："完善党委领导、政府负责、民主协商、社会

---

[1] 习近平：《论科技自立自强》，中央文献出版社2023年版，第195页。

协同、公众参与、法治保障、科技支撑的社会治理体系。"[①] 中国要借助先进科学技术来支持社会治理体系的构建，建立起人人共同承担责任的社会治理共同体，完善协同共建共治共享的社会治理制度，就需要弘扬科学家精神，筑牢社会治理的精神支撑。"十四五"时期，我国经济发展面临一系列新目标、新任务，需要加强国家科技战略力量，完善科技治理体系，提升科技创新在国家安全和经济社会发展中的影响力。我们需要建立推崇科学家精神的创新环境，借鉴科学家们积极合作、勇于奉献的精神，发挥新型举国体制的制度优势，提高科学治理在社会治理中的有效性。科学技术虽然促进了社会治理效能和人民生活水平的提高，推动了中国特色社会主义的现代化进程，但也产生了公共信息安全等问题。因此，在社会治理过程中，我们必须弘扬科学家们热爱祖国和人民至上的精神，坚持科技的工具理性和价值理性统一原则，推动构建健康发展的社会治理体系，强化国家科技战略力量。

弘扬科学家精神是应对中国科技发展新的历史方位转变的内在要求。近代以来，中国人民始终把科技强国作为实现中华民族伟大复兴的路径。新中国成立后不久，中国共产党领导人就将科技事业提升到国家发展的战略地位。1956年，毛泽东发出"向科学进军"的号召，我国形成了一大批的科技成果。1978年，邓小平提出"科学技术是生产力"的重要论断，我国迎来了科技发展的春天。1995年，江泽民提出科教兴国战略，全国上下掀起了科教兴国的热潮。2006年，胡锦涛提出建设创新型国家的战略方针，科技创新得到高度重视。随着党和国家政策的实施，我国的科技发展走过了从科学救国到科学报国再到科学兴国的历程，发生了历史性巨变。新时代，科技发展进入了由量变积累向质变飞跃的关键时期，进入了新的历史方位，即从科技兴国

[①] 《中共中央关于坚持和完善中国特色社会主义制度、推进国家治理体系和治理能力现代化若干重大问题的决定》，《人民日报》2019年11月6日。

到科技强国的飞跃。

弘扬科学家精神是顺应人民群众追求美好生活的必然选择。新时代，我国社会主要矛盾已发生转化，人民群众对美好生活的需要也步入更高层次。社会主义发展的必然选择、中国科技发展的最终目标就是满足人民群众对美好生活的需要。百余年来，我们党一直以人民群众的需求作为衡量科技发展的标准，坚持科技发展科学精神与人文精神的统一、工具理性与价值理性的统一。中国科学家和科技工作者要"坚持面向世界科技前沿、面向经济主战场、面向国家重大需求、面向人民生命健康"[①]，始终把创造人民美好生活当作科技发展的指向标。人民美好生活不仅仅是民生问题，还与政治、经济、社会、生态等方面的发展密切相关，也涉及科技建设的发展方向。科技工作者要扎根人民群众生活，加强基础研究、核心技术研究，推动农业等领域的科技创新，推动乡村振兴发展，提高农民生活水平，让人民群众有更多幸福感、获得感和安全感。任务的长期性、艰巨性，决定了科技工作者必须秉承科学家精神，将以人民为中心的思想作为科技工作的出发点和落脚点，将推动民生领域科技创新作为科学研究的关键，为人民群众美好生活提供强大支持。

（三）弘扬科学家精神的现实路径

科学家精神是读懂中国科学家和广大科技工作者建立不朽功勋的精神密码，也是激发中国人民在砥砺奋进中推动建成世界科技强国的精神动力。我们要结合时代背景从国家、社会、学校、家庭等不同层面继承和弘扬科学家精神，提升国家科技文化软实力。

国家加强顶层设计，完善弘扬科学家精神的体制机制。完善激励引导机制。虽然科学家精神的内涵之一是淡泊名利、潜心研究的奉献

---

① 习近平：《论科技自立自强》，中央文献出版社2023年版，第265页。

精神，但建立有效的激励机制对于扩大科研团队规模、激发科研热情至关重要。只有在物质条件和精神力量相辅相成的情况下，科技工作者的积极性才能得到最大程度的激发，从而引导大众秉持科学家精神去实践。完善监管机制。科技工作者攻坚克难的过程也是考验其品行的过程。个别科技工作者经不起磨难诱惑以至于做出违背道德法律和科技伦理的事。全方位的监管机制，既能规范科技工作者的行为使其遵循科学家精神，又能防止大众对科学家精神产生误解、进行诋毁。完善保障机制。弘扬科学家精神既需要能够提供源源不断动力的人才保障机制，也需要强有力的法律保障机制。人才保障制度给科技工作者吃了一颗"长寿丸"，一批又一批年轻人的踊跃加入是科学家精神永葆活力、不断延续的根本。同时，完善的法律保障制度给科技工作者打了一针高效的"镇定剂"，提供了安稳的工作环境。

社会进行多维宣传，打造弘扬科学家精神的正向氛围。充分利用传播媒介进行正向设置，营造良好的社会氛围。融媒体时代的到来在丰富信息交流的媒介的同时，也加剧了意识形态领域的危险。各大主流媒体要通过设置正向的舆论话题，提高科学家精神在大众视野面前的曝光率，有助于增强社会群体对科学家精神的认知。利用纪念馆、科技馆和科学主题 VR 体验馆等，讲好科学家故事。新时代，我国的科研基础、条件、水平均已实现质的突破，广大普通青年特别是青年科技工作者可能无法体会或感受老一辈科学家们当时肩负的历史使命感以及科学研究环境的艰辛，所以国家更应当充分利用社会公共资源和先进的技术手段实现时空对接，让新一代的科研者能够领悟老一辈科学家的精神和情怀。加大对科技创新的奖励和宣传工作，以激励全社会对科学研究的热切关注。弘扬科学家精神的最终目的是培养具备科学家精神的优秀人才，促进科学研究成果的产生。科技攻关成果的宣传和奖励，可以增进社会对科学研究的了解，激发人们投身科研的热情和信心。

第七章
重要支撑：积极建设世界重要人才中心和创新高地

学校注重科学教育，培育传承科学家精神的后继力量。在日常教学中将思政教育与学科教学有机结合，深入对学生进行思政教育。青少年是国家的未来、民族的希望。学校作为培育创新人才的主阵地，肩负着立德树人的重要使命。弘扬科学家精神，必须将科学家精神与大中小学的教学课程相结合，推广科学家的价值观念。进一步挖掘学校思想政治课的重要作用，坚定学生成长的理想信念，提高学生的道德素质。甘为人梯、奖掖后学的育人精神是科学家精神的主要内涵之一，只有注重培养青少年科技人才、加强青少年思想政治教育，才能为科学家精神注入新的动力，使其代代相传、永葆活力。组织多样化的活动，加深学生对科研的理解，激发学生对科研的热情。学校可以借助各种形式，如举办科学家讲座、组织学生到科学实验基地参观和举办科技竞赛等活动，向学生推广科学知识，提高学生科学能力，培养学生创新意识。只有从青少年抓起，加强科技创新人才的培养，才能让科学家精神代代相传，为早日建成世界科技强国赋能助力。

家庭注重启发引导，培植赓续科学家精神的信念使命。家庭应营造尊崇科学、尊重科学家的优良家风。家庭营造尊重科学家的生活氛围，有利于在潜移默化中增加孩子科学知识的积累，深刻领悟科学家精神的内涵和实质，促进孩子对科学实践的兴趣，帮助他们树立以科学家为未来的职业目标。家庭应重视人文关怀、尊重人的个性、激发人的潜能，注重人的全面发展。在培养下一代时，家长应该平等尊重并支持孩子的正当追求，当孩子展现出对科学活动的热情时，家长应该以身作则激发孩子的潜能，尽量将孩子对科学的兴趣转化为未来成长的动力。家庭应认识到实地参观和拓展活动的重要作用，在社会实践中巩固孩子对科学的爱好，增强对科学家的崇敬感。可以鼓励青年等科技人才后备军体验科学家的科学生活，如深入田间地头播种粮食，体验农学家日常科研生活；参观"两弹一星"等老一辈科学家工作场所，体会新中国成立初期科研环境的艰辛，更加珍惜现在良好的科学研究及生产生活环境等。除此之外，家长可以积极带领青少年参观科技馆、科学家精神纪念馆，鼓励参与科学竞赛活动，在启发引导中激发青少年的创新思维，提升青少年的动手能力。

第八章

坚实基石：全面实施科技强军战略

恩格斯指出："一旦技术上的进步可以用于军事目的并且已经用于军事目的，它们便立刻几乎强制地，而且往往是违反指挥官的意志而引起作战方式上的改变甚至变革。"[①]科技进步不仅深刻改变人类的生产生活方式，同时也深刻影响世界军事发展走向，必然引起战争形态和作战方式的深刻变化。[②]着眼实现建军一百年奋斗目标，推动我军建设高质量发展，必须进一步深化对全面实施科技强军战略的重要性紧迫性艰巨性的认识，强化创新驱动，以更大力度、更实举措推进高水平科技自立自强，充分发挥科技创新对我军建设战略支撑作用，推动我军建设发展质量变革、效能变革、动力变革。

一、全面实施科技强军战略的重大意义

科学技术是军事发展中最活跃、最具革命性的因素。实施科技强军战略对于国家整体发展和国防现代化具有重要意义，是赢得国际军事竞争优势的必然选择，是全面建成世界一流军队的迫切需要，也是在现代战争中夺取胜利的关键所在。必须坚定不移走中国特色强军之路，不断推动我军向更高水平的现代化迈进，要增强创新自信，坚持以我为主，从实际出发，大力推进自主创新、原始创新，打造新质生产力和新质战斗力增长极。[③]

---

① 《马克思恩格斯全集》第26卷，人民出版社2014年版，第180页。
② 参见中共中央宣传部、中央军委政治工作部：《习近平强军思想学习问答》，人民出版社2022年版，第171页。
③ 参见《强化使命担当　深化改革创新　全面提升新兴领域战略能力》，《人民日报》2024年3月8日。

第八章
坚实基石：全面实施科技强军战略

（一）赢得国际军事竞争优势的必然选择

军事领域是竞争和对抗最为激烈的领域。军事领域，作为国家安全与利益的重要支柱，历来是竞争与对抗的集中体现。在这一充满张力的领域内，各种力量不断汇聚、碰撞，形成了一个复杂多变、斗转星移的战略博弈场。军事竞争不仅体现在武器装备的先进性、战术战法的创新性，更体现在军事理念、战略思维的高远深邃。对抗则常常以战争或冲突的形式直接展现，是军事力量之间最为激烈、最为直观的较量。军事领域的竞争与对抗，往往伴随着国家间政治、经济、文化等多方面的角力与博弈。在这个意义上，军事领域不仅是国家硬实力的重要体现，也是国家软实力、巧实力施展的重要舞台。竞争推动着各国军事力量的不断发展与创新，而对抗则考验着各国在危机与冲突中的应变与决断能力。在这个充满变数与挑战的领域里，没有永恒的胜者，只有不断适应、不断创新才能在激烈的竞争与对抗中立于不败之地。因此，军事领域的竞争与对抗，不仅是力量的较量，更是智慧的较量、综合实力的比拼、勇气与决心的较量。

科学技术是国际军事竞争中最有活力、最具革命性的变量。科学技术在国际军事竞争中被视为最具活力与革命性的变量，它不仅是推动军事力量发展的核心动力，更是重塑军事格局的关键因素。科学技术的每一次重大突破，都可能引发军事领域的深刻变革，为国际军事竞争带来新的战略机遇与挑战。从历史的角度来看，科学技术的进步始终与军事领域的发展紧密相连。无论是火药的发明引发了冷兵器时代向热兵器时代的转变，还是信息技术的发展催生了信息化战争的新形态，科学技术都扮演着举足轻重的角色。在当今世界，随着人工智能、大数据、云计算、量子信息等前沿技术的迅猛发展，科学技术正在以前所未有的速度和规模渗透到军事领域的各个方面，推动着军事理论、武器装备、作战方式等的深刻变革。因此，谁能在科学技术上占据先机，谁就能在国际军事竞争中赢得主动。各国纷纷加大科技投入，加强军事科技创新，以期在未来的军事竞争中占据有利地位。可以说，科学技术已经成为国际军事竞争中最具决定性的力量之一，它的每一次进步都可能引发军事领域的"蝴蝶效应"，对国际军事格局产生深远影响。

科技强军是赢得军事竞争优势的根本出路。当今世界，随着科学技术快速发展，国家战略竞争力、社会生产力、军队战斗力的耦合关联越来越紧。[①]科技强军作为当今国际军事竞争的核心战略，是赢得竞争优势的根本出路。在全球化与科技革命交织的时代背景下，军事力量的较量深刻地体现为科技实力的较量。科技强军不仅意味着武器装备的现代化、智能化，更代表着军事理论、战争形态、作战方式的创新与领先。通过科技强军，国家能够迅速把握军事技术发展的前沿趋势，将最新的科技成果应用于军事领域，从而提升军队的战斗力、信息力、防护力及机动性。这种提升不仅能够使军队在常规战争中占据优势，更能在非常规、非对称的冲突中展现出强大的应对与反击能力。此外，科技强军还助力军队实现信息化建设与智能化转型，使指挥系统更加高效、作战决策更加精准、后勤保障更加有力。这种转型不仅优化了军队的组织结构与作战流程，更提高了军队的整体作战效能与战略威慑力。因此，可以说，科技强军是赢得国际军事竞争优势的必由之路。只有坚持科技引领、创新驱动，不断推动军事科技的创新与发展，才能确保军队在未来的国际军事竞争中立于不败之地。

（二）全面建成世界一流军队的迫切需要

全面建成世界一流军队使命光荣、任务艰巨，这一目标的实现需要军队在装备、训练、组织、指挥等各个方面都达到世界军事强国的

[①] 参见赵真燕、张罡：《新质战斗力的基本机理》，《学习时报》2024年4月8日。

第八章
坚实基石：全面实施科技强军战略

最先进水平，这需要长期不懈的努力和巨大的投入。以装备方面为例，世界一流军队需要拥有先进的武器装备，包括高精度导弹、隐身战机、航空母舰等。这些装备的研发和制造需要大量的科技和工业基础支撑，需要国家投入巨额资金和人力资源。同时，随着科技的不断发展，武器装备的更新换代速度也越来越快，这就需要军队不断加强科技创新能力，及时跟上世界先进水平的步伐。再以训练方面为例，世界一流军队需要拥有高素质的官兵队伍，这需要严格的选拔和长期的训练。军队需要建立完善的训练体系，包括基础训练、专业训练、战术训练等多个层次，同时还需要注重实战化训练，提高官兵的实战能力。这需要大量的训练资源和优秀的教官队伍，同时还需要军队不断探索和创新训练方法和手段。除了装备和训练方面，全面建成世界一流军队还需要在组织、指挥、管理等方面达到世界先进水平。这需要军队建立科学高效的组织体系，完善指挥机制，提高管理效能。同时，还需要注重信息化建设，提高信息化战争条件下的作战能力。综上所述，世界一流军队，从横向看，就是要与世界最强军队并驾齐驱，并在某些领域具有战略优势。从纵向看，就是要通过自身不断发展，实现包括军事理论、组织形态、军事人员、武器装备等要素在内的现代化，需要军队在各个方面都做出巨大的努力和投入，不断探索和创新，才能最终实现这一目标。

科技强军是建成世界一流军队的重要组成部分。现代战争已经进入信息化、智能化的时代，科技在军事领域的应用越来越广泛，对于提升军队战斗力、保障国家安全具有重要意义，科技强军已成为建成世界一流军队的重要内容、核心动力。首先，科技强军有助于提升军队的武器装备水平。现代战争需要先进的武器装备来支撑，而科技的不断进步为武器装备的升级换代提供了有力支持。通过集成创新，引进、消化、吸收再创新，以及自主研发等方式，我们可以逐步缩小与世界先进水平的差距，甚至在某些领域实现超越，从而提升军队的整体战斗力。其次，科技强军有助于提高军队的信息化水平。信息化战争已经成为现代战争的主要形态，而信息化建设的核心是信息技术。通过加强信息基础设施建设、提高信息技术应用能力、加强信息安全保障等措施，我们可以提高军队的信息化水平，使其能够更好地适应信息化战争的需求。再次，科技强军有助于推动军队的智能化发展。随着人工智能、大数据等技术的不断发展，智能化已经成为军事领域的重要趋势。通过加强智能化技术研发、推动智能化武器装备的应用、培养智能化人才队伍等措施，我们可以推动军队的智能化发展，提高其在未来战争中的胜算。最后，科技强军还有助于提升军队的综合素质。科技不仅可以用于武器装备的升级换代和信息化、智能化建设，还可以用于提高官兵的科学文化素质、专业技能和创新能力等方面。通过加强科技教育、培训等措施，我们可以提升官兵的综合素质，使其能够更好地适应现代战争的需求。综上所述，科技强军是建成世界一流军队的重要组成部分。

科技创新是建成世界一流军队的核心抓手。党的十九大鲜明提出"建设创新型人民军队"的时代命题，这在党的历史上是第一次。[1] 把创新摆在军队建设发展全局的核心位置，凸显了创新对于强国强军的极端重要性和现实紧迫性，必须深入实施创新驱动发展战略，不断提高创新对战斗力增长的贡献率。首先，科技创新是推动军事技术革新的关键力量。在军事领域，技术的更新换代速度极快，只有不断进行科技创新，才能确保军队装备和技术的先进性。通过研发新型武器装备、改进现有装备性能、提升信息化和智能化水平，科技创新能够显著提高军队的战斗力和作战效能。其次，科技创新提升军队信息化和智能化水平。信息化和智能化是现代军队的重要标志。科技创新在推动军队信息化和智能化方面发挥着至关重要的作用。通过研发先进的信息

---

[1] 参见中共中央宣传部、中央军委政治工作部：《习近平强军思想学习问答》，人民出版社2022年版，第163页。

技术和智能化技术,并将其应用于军事领域,可以实现战场信息的实时共享、智能化决策和精准打击,从而大幅提升军队的作战能力和反应速度。再次,科技创新促进军队组织结构和作战方式的变革。科技创新不仅推动了军事技术的进步,还促进了军队组织结构和作战方式的变革。随着新型武器装备和信息化、智能化技术的应用,传统的军队组织结构和作战方式已经难以适应现代战争的需求。因此,需要通过科技创新来推动军队组织结构的优化和作战方式的创新,以适应未来战争的变化。最后,科技创新强化军队人才培养和创新能力。科技创新对于军队人才培养和创新能力提升也具有重要意义。一方面,科技创新需要高素质的人才来支撑,因此必须加强对军队科技人才的培养和引进力度;另一方面,科技创新也需要军队具备强大的创新能力,以应对不断变化的战争环境和技术挑战。通过加强科技教育和培训、建立创新激励机制等措施,可以激发军队官兵的创新精神和创造力,推动军队科技创新能力的不断提升。在未来的军事发展中,我们必须高度重视科技创新的作用,加大科技研发投入力度,推动军事技术的不断革新和进步。只有这样,我们才能不断缩小与世界先进军事水平的差距,逐步实现建成世界一流军队的目标。

(三)确保现代战争制胜的关键所在

现代战争制胜机理发生了深刻变化。当前,伴随着无人化技术、空天技术、大数据技术、激光技术、生物技术和脑科技等战略前沿技术的创新发展,太空和网络攻防技术成为军事竞争力的制高点,战场不断从传统空间向新型领域拓展,战争形态和作战方式加速向信息化演变,基于信息系统的体系作战成为基本作战形式。[①] 现代战争发生深刻变化的根本是战争制胜机理的改变,体现在信息化、智能化、精确打击、体系

---

① 参见盖立阁:《提高科技创新对战斗力增长的贡献率》,《解放军报》2018年8月20日。

对抗等多个方面。首先，信息主导成为制胜关键。在过去，战争的胜负往往取决于兵力和火力的优势。然而，在现代战争中，信息的主导权成为制胜的关键。例如，通过掌握敌方的情报信息，可以精确地了解敌方的部署和意图，从而制定出更有效的战略和战术。此外，信息还可以用于干扰和破坏敌方的指挥控制系统，使其陷入混乱和无法有效作战的境地。其次，精确打击能力显著提升。随着科技的发展，现代武器系统的精确打击能力得到了显著提升。例如，导弹和无人机等武器可以精确地打击敌方的重要目标，如指挥所、通信枢纽和关键设施等。这种精确打击能力不仅可以有效地削弱敌方的战斗力，还可以减少无辜平民的伤亡和财产损失。再次，智能化战争系统的突破。随着人工智能技术的不断发展，智能化战争系统逐渐成为现代战争的重要组成部分。这些系统可以通过实时分析和处理战场数据，为指挥员提供准确的决策支持。此外，智能化战争系统还可以自主执行一些复杂的作战任务，如侦察、监控和打击等，从而减轻人员的负担并提高作战效率。最后，体系对抗成为主要作战方式。现代战争不再是单一的兵种或武器系统之间的对抗，而是整个作战体系之间的对抗。在这种对抗中，各个兵种和武器系统之间需要紧密配合、协同作战，才能发挥出最大的战斗力。例如，空军、海军和陆军之间需要实现信息共享和协同行动，才能对敌方形成有效的打击和压制。综上所述，现代战争制胜机理发生了深刻变化，信息主导、精确打击、智能化战争系统和体系对抗等因素成为制胜的关键。这些变化不仅对军事战略和战术产生了深远影响，也对军事训练和装备发展提出了新的挑战和要求。

科技是影响战争制胜机理变化的核心因素。恩格斯说，一旦技术上的进步可以用于军事目的并且已经用于军事目的，它们便立刻几乎强制地，而且往往是违反指挥官的意志而引起作战方式上的改变甚至变革。历史上，英国人最先发明了坦克，但德国人率先认识到了坦克技术的发展及其对作战的影响，并以此开始组建机械化军团，助力德

第八章
坚实基石：全面实施科技强军战略

军一度横扫大半个欧洲。现代科技发展日新月异，有些技术一旦取得突破，影响将是颠覆性的，甚至可能从根本上改变战争形态和作战方式。比如，信息与通信技术的进步，也是影响战争制胜机理的重要因素，如高速数据传输、卫星通信和网络安全等技术，使得战场信息能够实时共享，指挥控制系统更加高效。通过实时掌握战场态势，指挥员能够迅速作出决策，调整作战计划，从而在战争中占据先机。这种信息优势往往能够转化为战斗力的优势，对战争结果产生决定性影响。在技术的推动下，现代战争的制胜机理发生了深刻变化，这些变化不仅提高了军队的战斗力和作战效率，也改变了战争的本质和形态。面对高新技术对现代战争体系的重塑，大力推进科技强军是破解现代战争制胜机理的关键。

科技将越来越成为影响未来战争胜负的关键。伴随着以无人智能技术为代表的新一轮科技革命、工业体系重构和战争形态的加速演进，未来高端战争将是核威慑条件下的大规模、高强度、具有尖端技术水平的战争。[1]面对快速变化的战争形态和科技进步，必须大力推进科技创新应用，把我军发展命脉牢牢掌握在自己手中，把握军事发展主动权、未来战争制胜权。以无人化技术为例，智能技术跨域集成无人装备、赋能传统作战平台，是新质战斗力建设的重点发展方向。近年来的几场局部冲突表明，无人作战正加速向智能进化，并逐步进入"智能自主时代"[2]。2022年5月，美陆军在"试验演示网关演习"中，成功完成30架无人机集群作战试验，创下美陆军无人机集群试验的最大规模。俄军自2015年开始采取"小步快跑"的方式推进无人作战力量建设，加大无人机集群作战试验，旨在提升其在未来战场上的作战能力，随着无人技术的不断发展和应用，俄军的无人作战力量成为其未来作

---

[1] 参见军事科学院战略评估咨询中心：《推动新质生产力同新质战斗力高效融合》，《光明日报》2024年4月7日。

[2] 齐磊、田峰：《无人智能作战：改变海战的新引擎》，《学习时报》2024年4月8日。

战的重要支柱。[1]在科技革命和大国博弈叠加共振的历史背景下，谁在新域空间拥有作战与行动自由，谁就能拥有作战优势甚至形成对对手"降维打击"的能力，必须准确把握科技发展带来的作战空间、作战理念、作战方式的新维度和新特性，发展与之相适应的作战力量，生成制胜未来战争的新质战斗力。

二、全面实施科技强军战略的主要内容

当前，我们正处在世界科技革命和军事革命迅猛发展、强军兴军事业深入推进的历史交汇期[2]，必须充分认清全面实施科技强军战略是一项系统工程，要在世界军事大变革的背景下，牢牢扭住国防科技自主创新这个战略基点，全面实施创新驱动发展战略，为战斗力生成提供强大科技支撑；坚持超前布局、超前谋划，加强独创性设计，深化基础理论研究和高科技探索，努力攻克核心技术，积极发展战略前沿技术，加紧在重要领域形成独特优势；加强国防科技创新成果转化，加大自主创新成果推广应用程度。

（一）坚持自主创新的战略基点

关键核心技术是国之重器，必须走自主创新之路。自主创新是指通过自主研发和创新，掌握具有自主知识产权的核心技术，实现从技术引进到技术输出的转变。只有通过自主创新，才能摆脱对外部技术的依赖，实现技术的自主可控。核心技术是国之重器，最关键最核心的技术要立足自主创新、自立自强。[3]关键核心技术是国家安全发展的

---

[1] 参见刘海江：《体系化推进新域新质作战力量建设》，《解放军报》2023年2月22日。
[2] 参见中共中央宣传部、中央军委政治工作部：《习近平强军思想学习问答》，人民出版社2022年版，第172页。
[3] 参见习近平：《在网络安全和信息化工作座谈会上的讲话》，人民出版社2016年版，第12页。

第八章
坚实基石：全面实施科技强军战略

重要支撑，是国家总体战略布局的关键命门。它不仅对夯实国家基础性工程建设、提高国家社会发展程度和人民生活水平具有十分重要的作用，而且对推动我国经济高质量发展、保障国家安全具有十分重要的战略意义。新中国成立以来，我国在一穷二白的基础上实现了多个重要领域关键核心技术的突破，为我国经济的繁荣发展和社会的稳定进步提供了重要保障。历史充分证明，关键核心技术是要不来、买不来、讨不来的。只有把关键核心技术掌握在自己手中，才能从根本上保障国家经济安全、国防安全和其他安全。[1]必须坚持自主创新的战略基点，努力实现关键核心技术自主可控，把创新主动权、发展主动权牢牢掌握在自己手中。

真正的核心关键技术是买不来的，靠进口武器装备是靠不住的，走引进仿制的路子是走不远的。[2]国防核心科技具有很强的战略性、对抗性，依靠别人、依附于人必然受制于人，务必要坚持自主创新。16世纪末，英国海军应用新型战舰、创新海战战术，一举击败西班牙"无敌舰队"，拉开海上霸权时代的序幕；19世纪末20世纪初，德国将第二次工业革命的最新成果应用于军队建设，并建成全欧洲密度最高的铁路网，大幅提升军队战备和机动能力。[3]对于我国而言，经过几代人艰苦探索创新，我国相继攻克了一大批高精尖技术，科技实力显著增强，在全球创新版图中的影响力和贡献度不断扩大。党的十八大以来，我国加快构建适应信息化战争和履行使命要求的武器装备体系。继首艘航母辽宁舰入列后，国产航母山东舰入列、福建舰下水。新型驱逐舰、两栖攻击舰、歼-20飞机、运-20战略运输机、东风-41导弹等国之重器加速列装部队，我军武器装备建设实现跨越式发展、取得

---

[1] 参见《习近平谈治国理政》第3卷，外文出版社2020年版，第248页。
[2] 参见《习近平关于科技创新论述摘编》，中央文献出版社2016年版，第24页。
[3] 参见中共中央宣传部、中央军委政治工作部：《习近平强军思想学习问答》，人民出版社2022年版，第163—164页。

历史性成就。①实践充分证明，只有坚持自主创新这个战略基点，才能把我军发展命脉牢牢掌握在自己手中，要切实增强创新自信，坚持以我为主、从实际出发，大力推进自主创新、原始创新，不断提升核心基础产品和国防关键技术自主研发能力，尽快扭转一些关键核心技术受制于人的被动局面。②

坚持自主创新这个战略基点，牢牢掌握发展主动权、安全主导权。当前，科技从来没有像今天这样深刻影响国家安全和军事战略全局，从来没有像今天这样深刻影响我军建设发展。我们要下定决心、只争朝夕，组织优势力量打好攻坚战，尽快扭转关键核心技术受制于人的被动局面。特别是面对一些国家实行"脱钩断链"的行为，我们要加快攻克"卡脖子"技术，努力实现高水平科技自立自强。要增强战略定力，增强军民协同创新能力，加强力量整合、资源统合、体系融合，形成整体合力，牢牢掌握创新主动权、发展主导权。自主创新是开放环境下的创新，绝不能关起门来搞，而是要聚四海之气、借八方之力。③军队科技工作者应牢固树立敢为天下先的志向和信心，正确处理自主创新与开放交流的关系，改变因循守旧、闭目塞听的思维定式和按部就班、闭门造车的发展模式，努力在一些战略必争领域加快形成独特优势。

（二）加快战略性前沿性颠覆性技术发展

战略性前沿性颠覆性技术是决定未来战争胜负的关键。战略性前沿性颠覆性技术在未来战争中的作用确实不可忽视，它们可能会成为

---

① 参见中共中央宣传部、中央军委政治工作部：《习近平强军思想学习问答》，人民出版社2022年版，第231页。

② 参见蔡雪芹、裴天福、李帅领：《塑造空天战斗力建设发展新优势》，《学习时报》2024年4月8日。

③ 参见习近平：《论把握新发展阶段、贯彻新发展理念、构建新发展格局》，中央文献出版社2021年版，第276页。

第八章
坚实基石：全面实施科技强军战略

决定胜负的关键因素。首先，战略性前沿性颠覆性技术能够在军事领域带来全新的作战概念、武器装备和战争形态。这些技术的出现，可能会使传统的战争模式变得过时，从而改变竞争对手之间的实力平衡。例如，人工智能、无人机、高超音速武器等技术的快速发展，已经在很大程度上改变了现代战争的面貌。同时，战略性前沿性颠覆性技术还能够主导引领武器装备的更新换代。随着科技的进步，新型武器装备的性能将越来越强大，功能将越来越多样化，这将使军队在战场上拥有更多的优势，从而更有可能取得战争的胜利。然而，我们也应该看到，战略性前沿性颠覆性技术并不是万能的。在未来的战争中，人的因素仍然是最重要的，无论技术如何发展，人的勇气、智慧和团结精神都是无法被替代的。因此，在追求技术进步的同时，我们也不能忽视人的作用和价值。总之，战略性前沿性颠覆性技术对于未来战争的影响是巨大的，但它们并不是决定胜负的唯一因素。

着眼新科技革命变革方向和国际前沿加快战略性前沿性颠覆性技术发展。当前，新一轮科技革命正深入发展，对作战方式和战争形态的影响是显著而深远的，作战方式和战争形态正在发生深刻变化，不仅改变了战争的形态和面貌，也对军队的作战能力和指挥水平提出了新的挑战和要求。首先，新科技革命推动了作战方式的变革。传统的作战方式，如人海战术、火力压制等，正逐渐被新型的作战方式所取代。新科技革命改变了战争形态。传统的战争形态，如陆战、海战、空战等，正逐渐被新型的战争形态所替代。着眼新科技革命变革方向，紧盯国际科技发展最前沿，加快战略性前沿性颠覆性技术发展是当前科技发展的重要方向之一。战略性前沿性颠覆性技术以其巨大的潜力和影响力，在军事领域发挥着关键作用。要加强国际合作与交流，积极参与国际科技合作计划，与先进国家建立紧密的合作关系，共同开展前沿性技术的研究与开发。通过国际交流，及时获取最新的科技动态和信息，加速技术的引进和消化吸收。要不断巩固提高一体化国家战略体系和能力，实现资源共享、优势互补，加速战略性前沿性技术在军事和民用领域的广泛应用，增强国家战争潜力和国防实力。

以战略性前沿性颠覆性技术突破加快形成新质战斗力。新兴领域战略能力关系我国经济社会高质量发展，关系国家安全和军事斗争主动，要把握新兴领域发展特点规律，深化改革创新，推动新质生产力同新质战斗力高效融合、双向拉动。[①]新质战斗力源于先进科技的发展应用，其本质特点在于"新"。战争史表明，强国总是把最先进的科学技术首先应用于军事，发展新质战斗力，谋求获得优势的作战能力。近年来，一大批高新科学技术群的发展呈现井喷式加速增长、交叉融合集成式进步的基本态势，一批革命性、长远性、颠覆性的技术正进入军事装备领域，科学发展和装备技术的进步，催生了基于新原理、新机理、新材料、新工艺的新质战斗力，人工智能等新兴技术在我国国防领域有着广阔的应用前景，对于重塑军事和国防格局的潜力巨大，推动新质战斗力向全维、全域方向发展。以战略性前沿性颠覆性技术的突破为动力，加快形成新质战斗力，是适应现代战争需求、提升军队整体作战效能的关键举措。这些技术具有引领未来战争走向的潜力，能够从根本上改变作战方式和战争形态，为军队带来质的飞跃。以战略性前沿性颠覆性技术的突破为动力，加快形成新质战斗力是一项长期而紧迫的任务，需要政府、军队、科研机构和社会各界的共同努力，通过明确重点、加强研发、加速转化、培养人才、优化组织和强化训练等措施，不断提升军队的作战效能和应对未来战争的能力。

（三）提高科技创新对战斗力的贡献率

增强向科技创新要战斗力的意识。战争是力量的对抗，也是科技的角逐。没有科技优势就难有战争胜势。党的十八大以来，战略性

[①] 参见《全面提升新兴领域战略能力 聚力打好实现建军一百年奋斗目标攻坚战》，《光明日报》2024年3月9日。

第八章
坚实基石：全面实施科技强军战略

新兴产业和新型作战力量发展统筹推进，取得一系列重大成果。党的二十大后，党中央从推动高质量发展全局出发，明确提出加快发展新质生产力，这为新兴领域战略能力建设提供了难得机遇。[1]科技是第一生产力，也是核心战斗力，必须树立科技是核心战斗力的思想，充分认清向科技创新要战斗力，既是大势所趋，更是强军胜战的必然选择，要推进重大技术创新、自主创新，加强军事人才培养体系建设，建设创新型人民军队。现阶段，提高军事指挥人员和官兵的科技素养刻不容缓。科技素养是指一个人具有的科学认识和描述客观世界的能力，以及在科学精神、科学理论、科学方法启示和指导下的科学思维能力，如果科技素养不高，就难以实现人与武器装备的最佳结合，打赢未来战争就会成为一句空话。随着我军武器装备现代化程度不断提高，作战指挥的复杂程度、诸军兵种的联合难度、兵力兵器的协同强度、作战进程的推进速度等都远非昔日可比，这对官兵的科技素养提出更高要求。必须强调让武器装备活起来、动起来，精通武器全功能使用，掌握灵活机动的战术战法，从难从严运用武器装备，最大限度发挥其性能。[2]

强化作战需求牵引的国防科技自主创新。聚焦实战是军队建设的核心目标，也必须是牵引国防科技创新发展的重要指导原则，始终瞄准明天的战争创新发展军事科技，探索形成与时代发展同步伐、与国家安全需求相适应、满足未来作战要求的国防科技创新体系。确立科研为战的核心地位，意味着在军事科研工作中，要始终把满足战争需求和提升战斗力作为最高准则和根本目标。这要求我们在制订科研计划、配置科研资源、组织科研攻关等各个环节，都要紧密围绕战斗力

---

[1] 参见《强化使命担当 深化改革创新 全面提升新兴领域战略能力》，《人民日报》2024年3月8日。
[2] 参见中共中央宣传部、中央军委政治工作部：《习近平强军思想学习问答》，人民出版社2022年版，第235页。

生成和作战需求来展开。要坚持以作战需求为牵引。科研工作的方向和内容应当紧密贴合实战需求，确保每一项科研成果都能直接服务于战斗力提升。这需要我们深入研究现代战争的特点和规律，准确把握未来战争的发展趋势，从而制订出符合实战需求的科研规划和计划。总之，确立科研为战的核心地位，就是要让科研工作始终围绕战斗力提升和作战需求来展开，确保科研成果能够直接服务于实战之中。这需要我们做出转变思想观念、优化工作机制、加强团队建设等多方面的努力，以实现科技强军、打赢未来战争的宏伟目标。

加大先进成熟的自主创新成果推广应用力度。提高科技创新对战斗力增长的贡献率，必须增强向科技创新要战斗力的意识，加大先进成熟的自主创新成果推广应用力度，把创新成果转化为实实在在的战斗力，推动我军建设向质量效能型和科技密集型转变。[①] 近年来，基于智能化无人化技术的快速应用，全谱系无人平台、智能装备和无人蜂群迎来爆发性增长，新域新质作战力量的平台装备已经突破有人为主的常规操控模式，加速向智能化无人化形态转变。对标强敌对手，要想把创新成果转化为实实在在的战斗力，首先，要建立健全推广应用机制。军队应该制订完善的推广应用计划和方案，明确推广的目标、范围、步骤和措施，确保推广应用工作有序进行。同时，要加强组织领导，明确各级职责和任务，形成推广应用工作的合力。其次，要加强成果的宣传和展示。通过举办科技成果展览、学术交流会议等活动，向广大官兵展示先进成熟的自主创新成果，提高官兵对科技成果的认知度和认同感，激发他们使用科技成果的积极性和主动性。最后，要加强跟踪评估和反馈。对推广应用的科技成果进行定期跟踪评估，了解其在实际使用中的效果和问题，及时收集官兵的反馈意见，对科技成果进行持续改进和优化，确保其能够更好地服务于战斗力提升。

---

① 参见盖立阁：《提高科技创新对战斗力增长的贡献率》，《解放军报》2018年8月20日。

三、全面实施科技强军战略的推进举措

新时代新征程上,我们必须牢固树立科技是核心战斗力的思想,以更大决心和力度深入实施科技强军战略,搞好推进科技强军的顶层设计和战略筹划,加强新域新质作战力量建设,培养造就规模宏大的创新型军事人才队伍,把科技强军的创新引擎全力发动起来,不断提高科技创新对国防和军队建设发展的贡献率。

(一)搞好顶层设计和战略筹划

确立清晰的战略目标。确立科技强军战略的清晰的战略目标,对于实现国防和军队现代化、提高人民解放军的战斗力具有重要意义。清晰的战略目标可以指导军队建设的方向,明确科技强军的重点领域和关键任务,确保科技投入和资源配置的针对性和有效性。首先,清晰的战略目标有助于统一思想和行动。通过确立清晰的战略目标,可以统一全军的思想和行动,形成合力,共同推动科技强军战略的实施。其次,清晰的战略目标有利于激发创新动力活力。科技创新是推动科技强军战略实施的关键。通过确立清晰的战略目标,可以明确科技创新的方向和目标,激发广大科技人员的创新活力,推动科技创新成果的涌现和应用。党的十八大以来,全军各级高举新时代中国特色社会主义伟大旗帜,深入贯彻习近平强军思想,锚定如期实现党在新形势下的强军目标,聚力备战打仗,推动创新发展,加快军事理论现代化、军队组织形态现代化、军事人员现代化、武器装备现代化步伐,构建中国特色现代军事力量体系,以崭新的姿态立于世界潮流前列。2024年4月19日,信息支援部队调整组建,对加快国防和军队现代化、有效履行新时代人民军队使命任务具有重大而深远的意义。作为全新打造的战略性兵种,信息支援部队是统筹网络信息体系建设运用的关键

支撑，要强化科技创新，建设符合现代战争要求、具有我军特色的网络信息体系，高质量推动体系作战能力加速提升。①新征程上，要将推动新质生产力同新质战斗力高效融合、双向拉动作为巩固提高一体化国家战略体系和能力的必然要求，综合考虑新质生产力和新质战斗力发展、富国和强军等需求，形成供给清单和需求清单，发挥国家重大战略需求和军事斗争核心需求的牵引驱动作用，加强新兴领域顶层设计、推进新兴领域统筹发展。②

制订科学的规划计划。科学的规划计划是在强军目标的指引下，因时因地制订的阶段性发展目标、方式、重点等。科学的规划计划在实施科技强军战略中具有至关重要的重要性，可以在有计划有步骤的情况下明确科技强军的重点领域和关键任务。一是指导方向，科学的规划计划为军队的科技发展和现代化建设提供了明确的方向。它确保了军队在追求科技进步和战斗力提升时，能够沿着正确的路径前进，避免资源的浪费和努力的分散。二是优化资源配置，通过科学的规划计划，军队能够合理地分配和利用有限的资源，包括人力、物力、财力等。这样可以确保关键领域和重点项目得到足够的支持，确保科技投入和资源配置的针对性和有效性，实现效益最大化。三是促进协同合作，科学的规划计划能够明确各部门和人员的职责和任务，促进军队内部的协同合作。这样可以形成合力，共同推动科技强军战略的实施，并能够使军队的工作更加有序、高效。通过合理的安排和调度，可以缩短建设周期，提高工作效率，从而更快地实现科技强军的目标。

完善相关体制机制。体制机制是科技强军战略实施的基础和保障。通过建立健全的体制机制，可以为科技创新和军队现代化建设提供稳定的制度环境和政策支持，确保科技强军战略的顺利推进。一是要把

---

① 参见《中国人民解放军信息支援部队成立大会在京举行》，《人民日报》2024年4月20日。
② 参见军事科学院战略评估咨询中心：《推动新质生产力同新质战斗力高效融合》，《光明日报》2024年4月7日。

军队创新纳入国家创新体系，坚持以深化改革激发创新活力，坚决扫除阻碍科技创新能力提高的体制障碍，优化科技创新政策供给，提升创新体系整体效能。重点解决科技管理体制、需求生成机制、科研计划体系等方面问题，提高科研整体效益，形成推动自主创新的强大活力。二是要大力推动技术基础资源军民共用共享，建立完善军民标准化协调机制和技术服务机制。健全高校、科研院所、企业、政府的科技协同创新政策制度，最大限度发挥各方面的优势，着力打造融合创新平台，形成推动国防科技协同创新的整体合力。三是要积极创新人才培养、引进、保留、使用的体制机制和政策制度，努力培养造就堪当强军重任的创新型军事人才队伍。努力构建鼓励创新、宽容失败的良好环境，完善有利于释放创新潜力、激发创新活力的管理体制和激励机制，让创新创造在军营蔚然成风。四是要坚持自立自强，发挥新型举国体制优势，开辟独创、独有、引领发展的创新路径，强化原始创新能力和持续技术积累，在关键领域加快打破亦步亦趋的"路径依赖"，以"非对称"的策略加快在前沿领域"换道超车"。

（二）加强新域新质作战力量建设

强化创新驱动。党的二十大报告提出，"增加新域新质作战力量比重"[1]。随着国防和军队改革的深入推进，中国人民解放军总体形成中央军委领导指挥下的陆军、海军、空军、火箭军等军种，军事航天部队、网络空间部队、信息支援部队、联勤保障部队等兵种的新型军兵种结构布局，中国特色军事力量体系更加完善。[2] 当前，全军正全力以赴打好实现建军一百年奋斗目标攻坚战，尤其注重推动新域新质作战力量在创新驱动下实现快速发展和提升整体作战效能，加快把人民军队建成世界一流军队。提升新质战斗力，离不开科技创新、科技赋能，增

---

[1] 《习近平著作选读》第1卷，人民出版社2023年版，第46页。
[2] 参见《努力建设一支强大的现代化信息支援部队》，《解放军报》2024年4月20日。

强新兴领域战略能力，探索新质作战力量的建设和运用模式，关键在于加快新兴领域科技成果向新质战斗力转化。[①]首先，要深挖技术原理，构建作战能力指标与技术发展曲线之间的映射关联，厘清技术突破发展的关键要素。其次，要分领域、分方向、分专业展开精确梳理，区分核心技术群、重点技术群和辅助技术群，找准军事需求与技术发展之间的结合部。再次，要对接规划协调推进，有机融入国家和国防科技发展体系，进一步明确各领域发展方向、主干技术发展重点和关键参数提升方法。最后，要紧盯前沿快响快转，促进知识扩散和技术转移，采取产学研合作研究、技术转让许可、人员跨域交流等方式，打通先进技术资源池与现有转化渠道接口，高效响应新域新质作战力量建设急需急用。

科学精准匹配。新域新质作战力量建设绝不是依靠某一领域的单打独斗、单点爆发，而是基于体系作战能力生成的整体规划、统筹用力。当今世界正面临百年未有之大变局，全球局势和我国安全威胁日趋复杂，体系化推进新域新质作战力量建设需要强化总体国家安全观，整体统筹新型安全领域和传统领域的军事斗争准备。进行体系化推进时，需要运用联合开放思维，科学处理当前与长远、重点与一般、基础与前沿之间的关系，设计开放式体系架构，整体推动各领域建设发展，提高在更加广阔空间遂行多样化军事任务的能力。同时，新域新质作战力量建设不是各领域作战力量的简单叠加、平均用力、并行推进，而是根据军队使命任务急需、科技支撑基础、新老能力衔接等因素进行综合研判，科学确定重点新域新质作战力量的规模体量，精准匹配新域新质作战力量的功能模块。进行体系化推进时，不仅需要巩固扩大我军传统领域的作用优势，更需要着眼全域作战需求和新兴领域发展，充分结合多域作战力量的特点特性，预先设计军事力量作用

[①] 参见国防科技大学党的创新理论研究中心：《提升新兴领域战略能力向科技创新要战斗力》，《光明日报》2024年3月24日。

的新空间、新领域、新路径，前瞻探索新域新质作战力量运用的新样式、新行动、新战法。

注重新老融合。体系化推进新域新质作战力量建设不是摒弃传统、另起炉灶，而是适应历史潮流、注重新老融合、有效应对挑战的重要举措。需运用哲学辩证思维，进行体系设计，实施工程推进，突出实践检验，强化务实举措，统筹做好联合论证、技术研发、演训实战和迭代更新等工作。[1]必须聚焦能打仗、打胜仗，不断强化联合制胜理念，注重发挥新域新质作战力量的新技术、新手段、新能力，兼顾传统作战力量的新变化、新作用、新趋势，做到两者有机融合。进行体系化推进时，需要廓清科技快速发展与预先研究之间的结合部，找准技术转化应用与新域新质能力生成之间的契合点，打造高效生成新域新质作战能力的便捷通道。要区分轻重缓急，分阶段分步骤完善新域新质作战力量装备体系，科学处理骨干系统研发、现有装备改造和辅助平台配套之间的关系。既要着力研发新型骨干装备，紧密跟踪世界先进技术、颠覆性技术的前沿动态，敏锐研判先进技术发展趋势，洞悉军事技术颠覆性变化拐点，积极破解关键技术，加速技术孵化转化；又要做到分类改造现有装备，统筹国家科研力量，深化协同创新，整合优势资源，通过迭代更新和技术嵌入，形成新域新质作战力量基础装备。分步配齐辅助平台，采取多法引进、同步改造和逐步配套等方式，打通新老装备数据网链，为新域新质作战力量体系注入新的生机活力。

（三）培养造就规模宏大的创新型军事人才队伍

牢固树立"人才资源是第一资源"的理念。人才是推动我军高质量发展、赢得军事竞争和未来战争主动的关键因素[2]，只有建强人才队

---

[1] 参见刘海江：《体系化推进新域新质作战力量建设》，《解放军报》2023年2月22日。
[2] 参见张茜蓉、张杰：《以六大转变为抓手培养新型军事人才》，《光明日报》2023年10月15日。

伍，才能保持创新优势、厚积胜战底气。党的十八大以来，我军人才工作在政治整训中守正创新、在新兵备战中全面加强、在深化改革中转型发展，取得了许多历史性成就。同时也要看到，在世界百年未有之大变局加速演进、世界科技革命和军事革命日新月异的时代背景下，我军人才工作还面临一系列新挑战新问题。随着信息网络技术的发展、新装备更新换代加快，必须坚持科技是第一生产力、人才是第一资源、创新是第一动力，牢固树立"人才资源是第一资源"的理念，推动军事人员能力素质、结构布局、开发管理全面转型升级。要努力做到最大限度激发新质战斗力各要素的活力，精准对接未来战场需求，促进人才队伍的潜能释放，鼓励基层科研人员尤其是青年科研人员、应用人才大胆创造。要建立开放、包容的创新平台，为基层研发人才和应用人才提供展示才华、实践创意的机会，不断激发其创新热情和动力。[①]

依托军队高等院校打造创新型军事人才体系化方阵。"十年树木、百年树人"，打造科技型创新型军事人才方阵，非朝夕之功，要依托强有力的体系支撑，实现长远规划、有序推进。必须强化拔尖人才支撑。人才是第一资源，人才至关重要。必须拓宽引才、选才、育才渠道，充分挖掘、吸收、利用地方高层次人才。一方面，可充分宣扬军队院校人才高地、学术圣地、报国宝地的特色优势，与地方知名高校建立长期合作、开展定点宣传，举办"硕博人才进军营"等地方英才走进军营活动，建立院士工作站、博士后流动站等引才平台，吸引地方高层次人才，实现高精尖人才为我所用。另一方面，可选派军队骨干到地方高校深造，回单位后实现"先学带后学"。让领军人才紧盯科技之变、战争之变、对手之变，敏锐感知世界军事科技创新的方向，最大幅度提高科研为战贡献率。大科学家要担当方阵"领头羊"。群雁高飞头雁领，高科技创新团队必须有大科学家引领，在团队内形成集群效

[①] 参见国防科技大学党的创新理论研究中心：《提升新兴领域战略能力　向科技创新要战斗力》，《光明日报》2024年3月24日。

应，合力攻克高精尖难关。教员要担当方阵"主力军"。院校教员集人才、技术、资源等多种科研先决条件于一体，必须充分发挥优势，潜心研究，着力为战赋能，以科技力提升战斗力。青年学员要担当方阵"后备军"。人才辈出才能长盛不衰，科技强军必须从青年学员抓起，用好课堂教学主渠道，丰富第二课堂科技感，全方位渗透科技元素，培育青年学员科技素养、科研兴趣，以制度设计确保科技人才"青出于蓝而胜于蓝"。

加强培养造就创新型军事人才的制度机制和文化环境支撑。要进一步突出科研人员主体地位，创新完善激励机制和保障机制，让科技人才真正感到有奔头、有干头、有劲头，切实把尊重劳动、尊重知识、尊重人才、尊重创造的方针落到实处。从教育、管理、培养、使用等方面创造条件，扶好梯子、建好平台、端好盘子、当好绿叶，关心关注科研人员身体状况和精神状态，用心用情解决急难愁盼问题，努力为科研人员创造成长成才的良好环境。建立健全以战斗力为根本遵循的选拔机制、考评机制、保障机制等系列配套机制。选拔机制要确保公开透明、公平公正，要坚持以德为先、德才兼备选拔人才。考评机制要着重突出向战为战，树立科学合理正确的"指挥棒"，让人才和资源精准匹配，确保能者上、庸者下、劣者汰。保障机制要充分体现尊重知识、尊重人才、尊重创造、搞好服务的思维理念，既要在基础设施等"硬件"上下功夫，更要在科研生态等"软件"上想办法。牢固树立一切服务科研、一切保证科研的思想，深化科技创新"放管服"改革，靠制度机制改作风、纠"五多"。坚决克服国防科技创新中的形式主义、官僚主义，下气力把与科研不相关的会议活动、重复填报的各类表格、繁琐复杂的报批程序等减下去，让科研人员心无旁骛钻科研、全神贯注谋创新。

后 记

加快建设科技强国，是时代赋予我们的历史使命。习近平总书记关于科技创新的重要论述，全面阐明了科技创新在我国发展大局中的战略定位，系统回答了科技强国建设的战略目标、重点任务、重大举措和基本要求，深刻体现了中国共产党人对于科技创新规律的新认识，为我国的科技事业发展提供了强大思想武器和战略指引。党的十八大以来，习近平总书记站在我国和世界发展的历史新方位，坚持把创新作为引领发展的第一动力，把科技创新摆在国家发展全局的核心位置，提出一系列新理念新思想新战略，部署推进一系列重大科技发展和改革举措，我国科技实力和整体水平得到显著提升，部分关键核心技术实现突破，重大创新成果竞相涌现，科技事业取得历史性成就、发生历史性变革，进入创新型国家行列，为我国全面建设社会主义现代化国家奠定了更为可靠的科技基础。

走中国特色自主创新道路是科技强国建设的必由之路，必须掌握科技命脉，坚定创新自信，以中国特色自主创新道路引领科技发展。科技强国建设必须坚持人民至上的价值取向，科技创新要满足人民对美好生活的向往，转化为经济社会发展第一推动力，改善民生福祉。培养创新型人才是科技强国建设的关键，只有打造高质量的创新型科技人才队伍，营造良好的人才培养环境，才能有效激活科技自立自强的"人才引擎"，为创新型国家建设提供坚实支撑。在坚持自主创新的同时，科技强国建设还要加强对外交流合作，以开放的态度面向世界，积极主动对接国际科技合作，推动人类科技进步，贡献中国智慧和力量。在科技强国建设的征程上，我们要深入学习贯彻习近平总书记关于科技创新的重要论述，切实把握实践要求，担当起时代之责，不断推动科技创新发展，为实现中华民族伟大复兴的中国梦贡献智慧和力量。

加快建设科技强国，为全面建成社会主义现代化强国、实现第二个百年奋斗目标提供强大战略支撑。我们要以与时俱进的精神、革故鼎新的勇气、坚忍不拔的定力，直面问题、迎难而上，向着建设科技强国的目标加速前行。基于此，我们撰写了《新时代建设科技强国之道》一书，在撰写和出版过程中，得到了国防科技大学各级领导和机关、中共中央党校出版社的大力支持和帮助，在此表示衷心感谢！感谢旷毓君副教授、袁珺讲师和研究生罗银瑶、赵世军、李力维、张毅卓做出的大量工作。

在本书的写作和修改过程中，除了参考经典著作以外，还参考了部分专家学者的研究成果，它们给予我们宝贵的启迪和助益，文中采用脚注方式进行了注明，但肯定会有疏漏。在此，谨向这一领域所有的前行者致以衷心的敬意和谢意！

本书力求在理论与实践的深度结合中做好科技强国的宣传解读，为理解新时代加快建设科技强国的重大意义、战略目标和实践路径提供一定参考，但鉴于水平有限、时间紧迫，一些观点还有待于深入探讨，对于本书的局限与不足只能留待今后补充与修正，我们也真诚地希望广大读者提出宝贵意见，以便我们再版和进行新的工作时能够做得更好。

董晓辉

2025 年 2 月